H. Wilhelm Lücking

# Energiekabeltechnik

Mit 32 Bildern und 11 Tabellen

Friedr. Vieweg & Sohn Braunschweig/Wiesbaden

CIP-Kurztitelaufnahme der Deutschen Bibliothek

**Lücking, H. Wilhelm:**
Energiekabeltechnik/H. Wilhelm Lücking. –
Braunschweig, Wiesbaden: Vieweg, 1981.
ISBN-13:978-3-528-03587-7 e-ISBN-13:978-3-322-84312-8
DOI: 10.1007/978-3-322-84312-8

1981



Satz: Friedr. Vieweg & Sohn, Braunschweig

Umschlaggestaltung: Peter Neitzke, Köln

ISBN-13:978-3-528-03587-7

# Vorwort

Das vorliegende Studienbuch „Energiekabeltechnik" ist die Unterlage für eine Vorlesung, die ich seit SS 1977 an der Technischen Hochschule Darmstadt halte. Ziel ist es, in

- einem ersten Teil die Kabelaufbauelemente und die gängigen Kabelkonstruktionen nach VDE zu erläutern, und in
- einem zweiten Teil einen Überblick zu geben über die theoretischen Grundlagen und die daraus zu ziehenden Folgerungen im Hinblick auf Konstruktionen von Kabeln für höhere Spannungen und Leistungen.

Die Kabeltechnik gewinnt sicherlich ihren Reiz durch die Mannigfaltigkeit ihrer Aufgaben und Lösungswege. Dies zu vermitteln, ohne die Vertiefung bedeutsamer Grundgedanken zu vernachlässigen, erforderte im Hinblick auf die begrenzte Vorlesungszeit viele Kompromisse bei der Stoffauswahl. Mir schwebte in Analogie zu einer Bohrinsel vor, eine Plattform zu errichten, auf der der Hörer sich sicher bewegen und selbständig tiefer bohren und weiter aufbauen kann. Dem sollen auch die Literaturhinweise dienen, deren Beschränkung eine Ermunterung zum Studium sein möge. Ihre Auswahl ist willkürlich aus der großen Anzahl relevanter Veröffentlichungen vorgenommen, so wie sie von mir benutzt wurden, und beinhaltet keine Wertung. Wichtig war mir, unter didaktischen Gesichtspunkten jeder Vorlesungsstunde ein genau umschriebenes Thema zuzuordnen und die Stoffülle so zu begrenzen, daß ein Abschluß möglich ist. Eine deutliche Untergliederung zur Erleichterung des Verständnisses war eine selbstverständliche Folgerung.

Sicherlich ist dieses Buch zunächst für Studenten der Elektrotechnik geschrieben, die nach dem Vordiplom ihre technischen Kenntnisse über ein Investitionsgut der elektrischen Energieversorgung vertiefen wollen, das von großer volkswirtschaftlicher Bedeutung ist. In der Bundesrepublik Deutschland werden jährlich mit einem Betrag von ca. $10^{10}$ DM in der elektrischen Energieversorgung mehr Mittel als in jeder anderen Industriebranche investiert; ein Viertel dieser Aufwendungen fließt in die Kabelnetze. Ingenieure, die Entscheidungen über ein so langlebiges Produkt, wie es Energiekabel auf dem heute erreichten Entwicklungsstand sind, zu fällen haben, stehen somit in einer großen Verantwortung. Möglicherweise ist es auch für diese Praktiker von Reiz, in einem Studienbuch noch einmal nachzulesen, wie sich ihr umfangreiches Erfahrungswissen aus der täglichen Arbeit einfachen Entwicklungslinien zuordnen läßt.

Die Fakten, die ich in diesem Buch zusammengestellt und geordnet habe, sind letztendlich von vielen Fachkollegen, sei es als Kabelhersteller oder -anwender, erarbeitet worden. Gerne nehme ich Gelegenheit, mich für jede Form der Zusammenarbeit, die in einzelnen Fällen schon 30 Jahre umfaßt, zu bedanken. Ich bitte sehr, daß sich jeder angesprochen fühlt, ohne daß ich Namen nenne.

*H. Wilhelm Lücking*

Köln, August 1979

# Inhaltsverzeichnis

# Teil I Kabelaufbauelemente und -konstruktionen

## 1 Kabelleiter

### 1.1 Kupfer als Leiterwerkstoff

Seine Vorrangstellung als Leiterwerkstoff verdankt das Kupfer

- seiner außerordentlich hohen elektrischen Leitfähigkeit, die nur noch von Silber übertroffen wird, und
- seiner hervorragenden Warm- und Kaltverformbarkeit.

Reine *Kupfervorkommen* sind in der Natur verhältnismäßig selten. Es muß deshalb aus Erzen gewonnen werden, deren Hauptfundorte in USA und Rhodesien sowie der UdSSR, Jugoslawien, Japan und China liegen. Nach Trennung des Erzes vom Gestein müssen die übrigen Metalle und eingeschlossenen Oxide aus dem verbleibenden Rohkupfer ausgeschieden werden. Dieses Rohkupfer wird dann entweder

- hüttenmäßig raffiniert zu Handelskupfer mit einem Reinheitsgrad von 99,5 ... 98,85 %, wie es für technische Halbzeuge Verwendung findet, oder
- durch elektrolytische Verfahren raffiniert, indem auf dünnen Mutterblechen Kupfer mit einem Reinheitsgehalt von mindestens 99,9 % niedergeschlagen wird. Dieses sogenannte Kathodenkupfer wird geschmolzen und in kontinuierlichen Verfahren in Formen gegossen. Üblich sind Barren von 100 kg mit einem Querschnitt von 80 mm × 100 mm.

In den *Drahtwalzwerken* werden diese Barren in Flammöfen bis zur Rotglut erhitzt und durchlaufen dann abgestufte Walzenkaliber aus hartem Gußstahl. Die Kaliber haben abwechselnd einen ovalen und einen rechteckigen Querschnitt. Das bei jedem Stich um 90° gedrehte Walzgut erhält erst im letzten Stich die endgültige, runde Drahtform.
In den *Drahtziehereien* müssen die Walzdrähte, die einen Durchmesser von 6... 8 mm haben, zunächst in einer Beize von den Oberflächenoxiden befreit werden. Diese Oxide würden die elektrische Leitfähigkeit beeinträchtigen, aber auch eine sehr starke Abnutzung der Ziehsteine im Weiterverarbeitungsprozeß zur Folge haben. Durch das Beizen nimmt der Draht jetzt die für Kupfer typische metallisch rote Farbe an.
Durch den Ziehprozeß des gewalzten Drahtes auf die gewünschten Drahtdurchmesser ändern sich die kristalline Struktur des Kupfers und damit auch seine physikalischen Eigenschaften. Der Draht

- wird hart,
- die Bruchdehnung sinkt von 30 % auf 2 %,
- die Zugfestigkeit steigt um 50 % und
- die elektrische Leitfähigkeit sinkt.

Um die ursprünglichen Eigenschaften wiederherzustellen, wird der Draht bei 400 °C geglüht, wodurch eine Rekristallisation des Kupfers eintritt. Da Kupfer bereits bei 60 °C an der Oberfläche oxidiert, muß der Glühprozeß in einer neutralen, sauerstofffreien Atmosphäre vorgenommen werden.

## 1.2 Aluminium als Leiterwerkstoff

In der Kabeltechnik wurde Aluminium erstmalig verwendet, als in den letzten Jahren des Ersten Weltkrieges Kabel mit Leitern aus Aluminium hergestellt und verlegt wurden, um den bedrohlichen Mangel an Kupfer zu steuern. Eine starke Zunahme an Aluminiumleiterkabeln ist dann wiederum mit dem Inkrafttreten des Kupferverwendungsverbotes für Kabel in den dreißiger Jahren zu verzeichnen. Es ist aber nicht so, daß Aluminium nur in Notzeiten als Ersatzwerkstoff für Kupfer eingesetzt wird. Vielmehr sind Aluminiumleiter unter gewissen Voraussetzungen für die Kabeltechnik immer aus kostenmäßigen Überlegungen von großem Interesse gewesen. Deshalb wurden die technischen Nachteile einer erschwerten Verbindungs- und Anschlußtechnik in den Muffen und Endverschlüssen zunächst in Kauf genommen und schließlich durch entsprechende Entwicklungsarbeiten überwunden.

Aluminium wird aus Bauxit gewonnen, von dem es bedeutende Fundstätten auf der ganzen Erde gibt. Aus dem Bauxit wird die Tonerde als reines Aluminiumoxid isoliert, die als Elektrolyt für die schmelzelektrolytische Gewinnung des Aluminiums dient. Zur Erzeugung einer Tonne Aluminiumoxid werden zwei Tonnen Bauxit und für eine Tonne Aluminium ca. 25 000 kWh benötigt.

Elektrolytisch hergestelltes Aluminium hat einen Reinheitsgrad von 99,5 %, der durch Verwendung besonders ausgesuchter Rohstoffe auf 99,7 ... 99,9 % gesteigert werden kann. Durch spezielle Raffinationsprozesse kann schließlich ein Reinheitsgrad von 99,99 % erreicht werden.

Die Herstellung der Drähte aus den gegossenen Aluminiumbarren geschieht ganz ähnlich durch Walzen und Ziehen wie bei der Herstellung der Kupferdrähte. Ein Beizen nach dem Walzen entfällt, jedoch müssen zur Verwendung in Kabelleitern die Drähte weich oder halbhart geglüht werden. Mit 220 ... 380 °C liegen die Glühtemperaturen niedriger als bei Kupfer.

## 1.3 Eigenschaften der Leiterdrähte

Normwerte – bezogen auf 20 °C – für Leitmaterial zu elektrischen Zwecken sind festgelegt

- für Kupfer in IEC-Publikation 28 "International standard of resistance for copper"
- für Aluminium in IEC-Publikation 111 "Recommendation for the resistivity of commercial hard-drawn aluminium electrical conductor wire".

In Tabelle 1.1 sind die wichtigsten Eigenschaften aufgelistet.

**Tabelle 1.1** Eigenschaften von Leitmaterialien zu elektrischen Zwecken

| Eigenschaft | Dimension | Kupfer | Aluminium (99,3) |
|---|---|---|---|
| Dichte | $g/cm^3$ | 8,89 | 2,70 |
| Spezifischer Widerstand | $\Omega \cdot mm^2/m$ | $17{,}24 \cdot 10^{-3}$ | $28{,}26 \cdot 10^{-3}$ |
| Leitfähigkeit | $S \cdot m/mm^2$ | 58 | 35,5 |
| Temperaturkoeffizient | 1/K | $3{,}93 \cdot 10^{-3}$ | $4{,}03 \cdot 10^{-3}$ |

Bei gleicher Gesamtleitfähigkeit

- wiegt also ein Aluminiumleiter nur etwa die Hälfte wie ein Kupferleiter,
- beträgt der Querschnitt eines Aluminiumleiters etwa das 1,6fache des Querschnitts eines Kupferleiters,
- ist der Leiterdurchmesser bei Aluminium etwa 1,27 mal größer als bei Kupfer.

Die elektrische Leitfähigkeit von Aluminiumdrähten ist weit mehr als die der Kupferdrähte von der vorausgegangenen mechanischen und thermischen Behandlung abhängig. Das heißt zunächst, daß Aluminiumdrähte um so leitfähiger sind, je weicher sie sind. Aber auch bei gleicher Härte schwanken die Leitfähigkeitswerte je nach der mechanisch-thermischen Vorgeschichte. Dieser Umstand erschwert die Leiter- und Aderverseilung und muß meßtechnisch kontrolliert werden.
Mit Rücksicht auf die geringe Streckgrenze weicher Aluminiumdrähte und auf die damit verbundene Gefahr unkontrollierbarer Durchmesserverminderungen in den Isolier- und Verseilmaschinen werden bei der Kabelherstellung halbharte Drähte bevorzugt. Auch die Gefahr einer Beschädigung der Drähte in Drahtführungen wird dadurch geringer. Nur bei unverseilten Massivleitern werden weich geglühte Aluminiumdrähte verwendet.
Anhaltswerte für die mechanischen Drahteigenschaften gibt Tabelle 1.2.

**Tabelle 1.2** Mechanische Eigenschaften von Drähten für die Leiterherstellung

| Eigenschaft | Dimension | Kupfer | | Aluminium | |
|---|---|---|---|---|---|
| | | weich | halbhart | weich | halbhart |
| Mindest-Zugfestigkeit | N/mm² | 240 ... 190 | 300 | 70 | 90 |
| Mindest-Bruchdehnung | % | 10 ... 35 | 3 | 20 | 5 |
| Mindest-Biegezahl | – | 15 ... 5 | 6 ... 4 | 30 ... 12 | 12 ... 10 |

## 1.4 Leiterverseilung

Um eine ausreichende Biegbarkeit zu erhalten, werden in den meisten Fällen die Leiter von Energiekabeln aus mehreren, miteinander verseilten Drähten aufgebaut. Abgesehen von Spezialkonstruktionen haben diese Drähte immer einen kreisförmigen Querschnitt, während neben Rundleitern auch sektor- oder segmentförmige Leiter häufig vorkommen. In einem Leiterseil bilden die einzelnen Leiterdrähte Schraubenlinien um den (oder die) geradeaus gefahrenen „Kerndrähte". Die Länge, die einem vollen Umlauf des Drahtes entspricht, heißt *Schlaglänge*. Sie wird in Vielfachen des Seildurchmessers D angegeben.

Ein Leiterseil ist umso biegsamer,

- je größer die Anzahl der Einzeldrähte und
- je kleiner die Schlaglängen sind.

Aus wirtschaftlichen Gründen sind aber beiden Maßnahmen Grenzen gesetzt, da

- die Drahtkosten mit abnehmendem Durchmesser überproportional wachsen und
- die benötigten Drahtlängen bezogen auf die Leiterlänge mit kleiner werdender Schlaglänge ebenfalls überproportional ansteigen.

Diese scheinbare Verkürzung der Seilelemente beim Verseilen oder – anders ausgedrückt – die zum Verseilen benötigte Mehrlänge der Einzeldrähte wird *Eingang* genannt.

Besteht ein Leiter aus mehreren Drahtlagen, so haben die einzelnen Lagen auf die Biegbarkeit des Leiterseils einen um so größeren Einfluß, je weiter sie von der neutralen Seilachse entfernt sind. Die Schlaglängen der einzelnen Lagen werden deshalb gegeneinander abgestuft. Bei den inneren Lagen, die näher an der neutralen Seilachse liegen, können, weil ihre Durchmesser kleiner sind, größere Schlaglängen gewählt werden, während die äußeren Lagen einen kürzeren Drall erhalten müssen.

Bei Kabeln, die fest verlegt werden, werden Schlaglängen

- von ca. 35 D für die inneren Lagen der Leiterseile und
- von ca. 20 D für die äußeren Lagen gewählt.

Leitungen, die ortsveränderlich eingesetzt werden können, haben in der Regel Schlaglängen

- von ca. 25 D in den inneren Lagen der Leiterseile und
- von ca. 15 D in den äußeren Lagen.

Diese Schlaglängen entsprechen einem Eingang gemäß Tabelle 1.3.

**Tabelle 1.3** Seileingang bei üblichen Schlaglängen

| Schlaglänge | Eingang |
|---|---|
| 35 D | 0,4 % |
| 25 D | 0,7 % |
| 20 D | 1,2 % |
| 15 D | 2,2 % |

Regelmäßig aufgebaute Rundseile haben über dem Leiterkern von Lage zu Lage 6 Drähte mehr und eine wechselnde Schlagrichtung. Da aber mit solchen Leitern höchstens ein Füllfaktor von 78 % erreicht werden kann, spielt heute die zwangsweise Verdichtung des Leiters, indem nach dem Verseilvorgang das Seil durch Kaliber geführt wird, eine immer größere Rolle. Dabei erweist es sich u.U. auch als nützlich, verschieden starke Drähte zu verwenden und die Schlagrichtung der Drähte nicht immer von Lage zu Lage zu wechseln.

## 1.5 Leiterkonstruktionen

Zwingend notwendig wurde es, die vielen möglichen Leiterkonstruktionen für Energiekabel zu normen, als Preßklemmen zur Leiterverbindung entwickelt wurden. Die Verpflichtung der EG-Mitgliedstaaten, Handelshemmnisse – wie es auch unterschiedliche Normen sein können – abzubauen, ließ nur die Festlegung von Leiteraufbau und Leiterabmessungen unter Berücksichtigung der IEC-Publikation 228 "Nominal cross-sectional areas and composition of conductors of insulated cables" zu.

Heute liegen sogenannte *TK-Richtlinien* für runde und sektorförmige Leiter aus Kupfer oder Aluminium in ein- und mehrdrähtiger Ausführung vor. Sie werden sowohl bei papierisolierten als auch bei kunststoffisolierten Kabeln für Nennspannungen bis 17,3/30 kV eingesetzt. In diesen TK-Richtlinien sind Angaben für

- die Abmessungen nebst Abweichungen,
- die Drahtzahlen,

- die Leiterwiderstände,
- die Eigenschaften der Leiterwerkstoffe und
- die an den Fertigungslängen durchzuführenden Prüfungen gemacht.

Die Zahl der möglichen Ausführungsformen der Leiter wurde möglichst klein gehalten. Man kennt

*Kupferleiter* in der Ausführung als
- eindrähtige Rundleiter im Querschnittsbereich von 1,5 ... 25 $mm^2$,
- mehrdrähtige Rundleiter im Querschnittsbereich von 25 ... 500 $mm^2$, wobei nur die beiden kleinsten Querschnitte 25 $mm^2$ und 35 $mm^2$ unverdichtet sind,
- mehrdrähtige verdichtete Sektorleiter im Querschnittsbereich von 35 ... 400 $mm^2$,

*Aluminiumleiter* in der Ausführung als
- eindrähtige Rundleiter für die Leiterquerschnitte 25, 35 und 50 $mm^2$,
- mehrdrähtige Rundleiter wie bei Kupferleitern,
- eindrähtige Sektorleiter im Querschnittsbereich von 50 ... 185 $mm^2$,
- mehrdrähtige, verdichtete Sektorleiter mit Ausnahme von 35 $mm^2$ wie bei Kupferleitern.

Niederspannungskabel, deren vierter Leiter einen kleineren Querschnitt als die sektorförmigen Hauptleiter hat, können in zwei Ausführungsformen hergestellt werden:
- Drei 90°-Sektorleiter werden mit einem Rundleiter oder
- drei 100°-Sektorleiter werden mit einem 60°-Sektorleiter kombiniert.

### 1.6 Definition des Leiterquerschnitts

Leiterquerschnitte werden in einem Flächenmaß $mm^2$ angegeben, obwohl unter dem Querschnitt eines Energiekabelleiters nicht der geometrische Querschnitt verstanden wird, sondern vielmehr der *elektrisch wirksame Querschnitt*, wie er durch eine Messung des elektrischen Widerstandes ermittelt wird. Für die Widerstandsmessungen werden meistens Brückenschaltungen nach Wheatstone oder Thomson benutzt; die Kabellänge muß bekannt sein und ebenso die Leitertemperatur, da die Angaben auf 20 °C bezogen werden. Es gilt zunächst:

$$Q = \frac{\rho_{20} \cdot L}{R_{20}} = \frac{L}{\kappa_{20} \cdot R_{20}}$$

wobei:

| | |
|---|---|
| Q | wirksamer Leiterquerschnitt in $mm^2$ |
| $\rho_{20}$ | spezifischer Widerstand bei 20 °C in $\Omega \cdot mm^2/m$ |
| L | Leiterlänge in m |
| $R_{20}$ | Leiterwiderstand bei 20 °C in $\Omega$ |
| $\kappa_{20}$ | Leitfähigkeit bei 20 °C in $S \cdot m/mm^2$ |

Im VDE-Vorschriftenwerk hatte man früher den Verseileingang sowohl der Leiterdrähte als auch der Adern von Mehrleiterkabeln sowie die Drahtdurchmessertoleranzen durch pauschale Annahmen für den spezifischen Widerstand berücksichtigt. Die bei der Vielzahl von Leiter- und Kabelkonstruktionen auftretenden Ungenauigkeiten wurden bewußt in

Kauf genommen. Tabelle 1.4 zeigt die gemäß VDE 0472/6.65 „Prüfungen an isolierten Leitungen und Kabeln" den Berechnungen zugrunde zu legenden erhöhten Widerstands- und Leitfähigkeitswerte.

**Tabelle 1.4** Erhöhte Widerstands- und Leitfähigkeitswerte für Kabelleiter

| | $\rho_{20}$ in $\Omega \cdot mm^2/m$ | $\kappa_{20}$ in $S \cdot m/mm^2$ |
|---|---|---|
| Kupferleiter | $17{,}86 \cdot 10^{-3}$ | 56 |
| statt | | |
| Kupferdraht | $17{,}24 \cdot 10^{-3}$ | 58 |
| Aluminiumleiter (99,3) | $30{,}30 \cdot 10^{-3}$ | 33 |
| statt | | |
| Aluminiumdraht (99,3) | $28{,}26 \cdot 10^{-3}$ | 35,5 |

Diesem für die Praxis sehr geeigneten Vorgehen lag ein einfacher Gedanke zugrunde. Exakt wäre der Widerstand eines Leiters, der aus n Drähten mit dem Durchmesser d (in mm) aufgebaut ist, nach der Formel

$$R = \frac{4 \cdot \rho \cdot L}{n \cdot \pi \cdot d^2} \cdot K_1 \cdot K_2 \cdot K_3$$

berechenbar, wenn die Faktoren $K_1$, $K_2$, $K_3$ bekannt sind. Dabei wären die Widerstandserhöhungen

- bei der Verarbeitung durch $K_1$
- infolge des Leiterdralles durch $K_2$ und
- infolge des Aderdralles durch $K_3$

berücksichtigt. Für die vielen Leiterkonstruktionen, aber auch den notwendigen Toleranzbereich für die Leitfähigkeit der Leitmaterialien sowie für die unterschiedlichen Fertigungsgegebenheiten ist es sehr schwierig, die genauen K-Werte anzugeben. VDE führte deshalb einen fiktiven spezifischen Widerstand

$$\rho^* = \rho \cdot K_1 \cdot K_2 \cdot K_2 = 17{,}86 \text{ bzw. } 30{,}30\ \Omega \cdot mm^2/km$$

ein und nahm die Ungenauigkeit in Kauf.

Bis 1978 versuchte die IEC-Publikation 228 noch, durch eine Tabellierung der K-Werte den Einzelfällen besser gerecht zu werden. Tatsächlich war dies aber nur bedingt der Fall, da die Stufung in den Tabellen eben auch zu Ungenauigkeiten zwang, die im Einzelfall sogar größer als bei VDE sein konnten.

Etwa 1970 wurde der Gedanke aufgegeben, daß aus dem gemessenen Widerstand der vorhandene Metallquerschnitt errechenbar sein müsse. Stattdessen wurde mit allen Konsequenzen der Leiterquerschnitt über einen bestimmten Widerstandswert bei 20 °C in $\Omega$/km definiert. Dieser Widerstandswert muß mindestens vorhanden sein, wenn ein Leiter den Nennquerschnitt aufweisen soll. Bei diesem Vorgehen ist es leichter, dem einzelnen Nennquerschnitt verschiedener Leiterkonstruktionen einen möglichst genauen Widerstandswert zuzuschreiben.

Naturgemäß werden *Messungen des Leiterwiderstandes* nicht genau bei 20 °C Leitertemperatur durchgeführt werden können. Da immerhin der Leiterwiderstand sich aber um 4 ‰ je Grad ändert, muß der Meßwert auf 20 °C hin korrigiert werden. Außerdem ist es üblich, Leiterwiderstände auf eine Kabellänge von 1 km zu beziehen. Folgende Zahlenwertgleichung wird dazu benutzt:

$$R_N = R_\vartheta \cdot K \cdot \frac{1000}{L},$$

wobei

$R_N$ Widerstand bei 20 °C bezogen auf 1 km Kabellänge in Ω/km
$R_\vartheta$ Widerstand einer Kabellänge L bei einer Temperatur $\vartheta$ (in °C) in Ω
L Kabellänge in m
K Temperaturkorrektur Faktor

Mit meist ausreichender Genauigkeit gilt sowohl für Kupfer- als auch Aluminiumleiter

– nach VDE 0472/12.77: $K = \frac{1}{1 + 0{,}00393\,(\vartheta - 20)}$

– nach IEC 228/1979: $K = \frac{1}{1 + 0{,}004\,(\vartheta - 20)}$

---

**Literatur**

*W. Ehlers* und *H. Lau*, Kabelherstellung, Berlin, Göttingen, Heidelberg 1956

*J. Artbauer*, Kabel und Leitungen, Stuttgart, Berlin 1961

*W. Ochel*, Aluminium als Leiter- und Mantelwerkstoff in der Starkstromkabeltechnik, Aluminium 41 (1965) S. 86–94

*L. Heinhold*, Kabel und Leitungen für Starkstrom, Berlin, München 1969

*H. Imping*, Einheitliche Leiter für Starkstromkabel, Draht 21 (1970) S. 40–41

# 2 Papier als Kabeldielektrikum

## 2.1 Wahl von Papier zur Kabelisolierung

Seit fast 100 Jahren wird Papier zur Isolierung von Energiekabeln eingesetzt. Daß es heute im Zeitalter der Kunststoffe nach wie vor

- bei Mittelspannungskabeln eine bedeutende und
- bei Höchstspannungskabeln eine unangefochtene Rolle spielt,

zeigt

- einmal, welche hervorragende Leistung den damaligen Ingenieuren gelungen ist,
- und zum anderen, daß die Eigenschaften von Papier ausreichend waren bzw. so verbessert werden konnten, daß heute zur Isolierung von 1100 kV-Kabeln kein anderer Isolierstoff in Frage kommt.

Wichtig für den Einsatz von Papier für die Isolierung elektrischer Leiter waren die Versuche im Jahre 1872 von John H. Wortendyke, einem Papiermacher in Virginia. Sein Ziel war es, Papierbänder auf den Leiter in einer Schraubenlinie mit genau vorgegebener Steigung dadurch aufzubringen, daß die Papierbandscheibe eine Umlaufbewegung um den Leiter bei dessen gleichzeitiger Bewegung in axialer Richtung ausführt.

1888 erhielt S. Z. de Ferranti in England, eine herausragende Persönlichkeit unter den Ingenieuren zu Beginn des Elektro-Zeitalters, ein entscheidendes Patent zur Isolierung von Kabeln durch schraubenförmige Papierbänder. 1890 wurde die British Insulated Wire Company gegründet und Ferranti als Chef-Ingenieur in die Geschäftsleitung berufen.

Ferrantis Interesse galt sofort einer Weiterentwicklung zu Kabeln bis 10 kV Betriebsspannung. Dazu mußte die Papierisolierung imprägniert werden, und wieder fiel die Wahl mit einem Öl-/Harz-Kompound auf einen Werkstoff, der technisch entwicklungsfähig war und für viele Jahrzehnte allen Anforderungen entsprach. Beide Komponenten der Öl-/Papier-Isolierung genügten nicht nur den technischen Anforderungen, sondern zeichnen sich auch durch eine hohe Wirtschaftlichkeit aus. Diese beiden Kriterien müssen gleichzeitig erfüllt sein, wenn eine Ingenieurleistung Erfolg haben soll.

## 2.2 Anforderungen an Kabelisolierpapier

Die an Papiere, die zur Kabelisolierung eingesetzt werden sollen, zu stellenden Anforderungen ergeben sich

- zum einen aus den Verarbeitungsbedingungen und
- zum anderen aus den Eigenschaften, die von der ölgetränkten Kabelisolierung erwartet werden.

Für die Papierhersteller ist es oft schwer, den Anforderungen der Kabeltechniker nachzukommen, weil die physikalischen Eigenschaften des Papiers durch die Verarbeitung und Nachbehandlung derart weitgehend verändert werden, daß man aus Messungen am angelieferten Papier nicht immer mit Sicherheit ersehen kann, ob es sich als Kabeldielektrikum bewährt. Hier sind dann eingehendere Untersuchungen an Kabelmodellen oder Modellkabeln notwendig, die einer Vakuumtrocknung und -imprägnierung unterworfen werden. Solche Entwicklungsarbeiten werden meist nicht bei den Papierfabrikanten, sondern bei den Kabelherstellern durchgeführt.

An allgemeinen Anforderungen, die jedes Kabelpapier erfüllen und deren Einhaltung an Stichproben aus den routinemäßigen Lieferungen überprüft werden muß, sind zu nennen:

- Die Papiere müssen *alkali- und säurefrei* sein und dürfen keine anorganischen Rückstände haben. Solche „Verunreinigungen" der Zellulose wären für die Alterungsbeständigkeit sehr nachteilig und haben Einfluß auf die Trockenfähigkeit des Papiers.
- Papier wird in der Praxis als Fläche (und nicht als Volumen) behandelt. Zur Kennzeichnung dient neben der Dicke das Flächengewicht. Eine gleichmäßige *Papierdicke*, sowohl in Längs- als auch in Querrichtung, ist für den Wickelvorgang wichtig, damit die Steigungswinkel der Papierbänder konstant bleiben und nicht Parallelläufer, d.h. nicht gegeneinander versetzte Bänder, vorkommen.

  Da das elektrische Feld vom Kabelleiter zum Kabelmantel hyperbolisch abfällt und die elektrische Festigkeit der Kabelisolierung von der Höhe der Stoßfugen abhängig ist, werden oft am Leiter dünnere Papiere eingesetzt. Bei Höchstspannungskabeln versucht man zusätzlich noch über eine Stufung der *Raumgewichte*, von denen die Dielektrizitätskonstante abhängig ist, eine Vergleichmäßigung des elektrischen Feldes herbeizuführen.

Für eine niedrige Dielektrizitätskonstante spricht die elektrische Entlastung der ölgefüllten Stoßfugen der Papierisolierung ebenso wie die Minimierung der dielektrischen Verluste. Die damit verbundene geringe Papierdichte weist aber eine geringere elektrische Durchschlagfestigkeit als ein hochdichtes Papier auf, so daß für die Auswahl ein Kompromiß zu schließen ist.

- Die dielektrische Festigkeit einer Kabelisolierung ist umso höher, je fester sie gewickelt ist. Die Papierbänder müssen dazu beim Wickelvorgang über viele Rollen laufen, durch die sie straff gespannt werden. Natürlich soll dieser Vorgang bei einer möglichst hohen Geschwindigkeit ablaufen. Von den Kabelpapieren werden also große *Zugfestigkeit, Bruchdehnung* und *Torsionsfähigkeit* erwartet.

  Die Art der Papierfertigung bedingt, daß diese mechanischen Eigenschaften in Längs- und Querrichtung gemessen unterschiedliche Werte haben. Außerdem ist im Unterschied zur Reißfestigkeit die Dehnung in Querrichtung größer als in Längsrichtung. Je kleiner die Abweichungen sind, umso besser lassen sich die Papiere verarbeiten.
- Nach dem Aufwickeln der Papierbänder wird die Kabelisolierung unter Anwendung von Vakuum getrocknet und mit Isolieröl getränkt. Die Durchlässigkeit der Papiere in bezug auf Gase und Flüssigkeiten ist somit von grundlegender Bedeutung. Einerseits soll diese Durchlässigkeit möglichst gut sein, andererseits steht sie auch in einer engen Beziehung zur Durchschlagsfestigkeit der Papierisolierung, und zwar nimmt diese mit steigender Undurchlässigkeit zu.

  Die „Durchlässigkeit“ von Papier ist gegenüber Gasen leicht zu messen. Flüssigkeiten können dazu kaum herangezogen werden, weil die Papierabmessungen durch die Quellung der Zellulosefasern bei Feuchtigkeitsaufnahme verändert werden. Stattdessen werden die Papiere nach ihrer *Saugfähigkeit* gegenüber Flüssigkeiten beurteilt, die in den Kapillaren zwischen den Papierfasern aufsteigen. Da ein enger Zusammenhang zur *Luftdurchlässigkeit* besteht, gibt es auch hier nur ein relativ kleines Optimum.
- Schließlich muß man als die wichtigste Voraussetzung für hochwertige Kabelpapiere gute dielektrische Eigenschaften bezeichnen:
  - der *Verlustfaktor* muß möglichst klein und wenig temperaturabhängig sein,
  - der *Isolationswiderstand* soll dagegen möglichst hoch liegen, aber auch wieder wenig temperaturabhängig sein,
  - je kleiner die *Dielektrizitätskonstante* ist, um so besser sind die Übertragungseigenschaften des Kabels,
  - und schließlich soll das Papier die Grundlage zu einer möglichst hohen *Durchschlagsfestigkeit* des ölgetränkten Kabeldielektrikums bilden.

### 2.3 Papierherstellung

Zur Isolierung von Energiekabeln werden ausschließlich technische Papiere verwendet, die aus *reiner, ungebleichter Natronzellulose* ohne Zusätze von Füll- oder Leimstoffen hergestellt werden. Das Ausgangsmaterial „Zellulose“ wird aus Fichten- oder Tannenholz

gewonnen, insbesondere aus den harzarmen Fichten nördlicher Breitengrade, die sich durch sehr lange Fasern auszeichnen. Die geschälten Stämme werden in kleine Stücke zerschnitten und bei Temperaturen um 120 °C unter Druck mit Natronlauge (NaOH) oder Natriumsulfat ($Na_2SO_4$) behandelt. Durch diesen „Aufschließungs"-Prozeß werden die in dem Holz enthaltenen Nebenprodukte, wie Lignin und Harze, entfernt. Sie besitzen nur eine geringe chemische Stabilität und würden die Papierqualität stark verschlechtern. Anschließend muß die Zellulose gründlich mit Wasser ausgewaschen werden, um die wasserlöslichen Salze zu beseitigen, die einen großen Einfluß auf die dielektrischen Verluste der Papiere haben. So aufbereitete Zellulose wird als Natron- oder Sulfatzellulose bezeichnet. Sulfitzellstoffe, die mit schwefliger Säure aufgeschlossen werden, sind für die Kabelisolierung wegen ihrer geringeren Wärmebeständigkeit nicht brauchbar.
In der Papierfabrik wird die Rohzellulose im Kollergang zerkleinert, mit Wasser versetzt und im Holländer durch Messerwalzen gemahlen. Der *Mahlgrad* hat wesentliche Bedeutung für die Papiereigenschaften:

- Bei einem geringen Mahlgrad bleiben die einzelnen Fasern noch unversehrt. Rösch (= grob) gemahlenes Papier enthält sehr viele Lufträume zwischen den Fasern.
- Bei stärkerer Mahlbeanspruchung werden die Zellulosefasern mehr und mehr zerstört und in Fibrillen zerlegt und
- bei langer Mahlung schließlich in eine schleimige Masse verwandelt. Schmierig gemahlenes Papier hat also einen hohen spezifischen Zellulosegehalt.

Mit Wasser vermengt werden die Zellulosefasern auf die Siebe der Papiermaschine befördert. Durch Absaugen des Wassers werden die Fasern ausgefällt, wobei sie sich regellos miteinander verfilzen. Ein großer Teil der Fasern ordnet sich jedoch trotz der Regellosigkeit in der Bewegungsrichtung, d.h. in der Längsrichtung der Papierbahn. Ist alles überflüssige Wasser entfernt, läuft die Papierbahn schließlich über Glättwalzen und wird zu Ballen aufgerollt. Je länger die Papiermaschinen sind, umso schneller kann gefertigt werden. Im Einsatz sind heute Papiermaschinen mit Längen von 60 ... 100 m.
Zur Leiterisolierung werden in der Regel maschinenglatte Papiere eingesetzt. Nur bei Höchstspannungskabeln werden teilweise auch kalandrierte Papiere verwendet, bei denen die Dichte durch Walzen erhöht und damit zwangsläufig eine glattere Oberfläche erzielt wird.
Für das Aufbringen der Papierbänder auf den Kabelleiter, das unter hoher Zugspannung in schnell laufenden Wickelmaschinen erfolgt, sind die mechanischen Eigenschaften von Bedeutung. Diese können wesentlich durch den Mahlgrad bestimmt werden:

- Rösch gemahlene Zellulose ergibt eine hohe Reißfestigkeit in Längsrichtung und eine geringe Bruchdehnung in Querrichtung,
- schmierig gemahlene eine hohe Bruchdehnung in Querrichtung und eine geringe Reißfestigkeit in Längsrichtung.

Kompromisse – eventuell auch durch Stoffbreimischungen aus Holländern verschiedener Mahldauer – sind hier nötig, wobei aber zu beachten ist, daß eine rösche Mahlung zu einem Papier führt, das infolge seines lockeren Aufbaus leichter zu trocknen und zu imprägnieren ist.

Auch die elektrische Durchschlagsfestigkeit hängt stark vom Mahlgrad und zusätzlich von der Dichte des Papieres ab. Ein schmierig gemahlenes Papier mit starker Verdichtung weist die besten Werte auf. Es wäre aber bei der Kabelherstellung nur mit so großem Aufwand zu trocknen und zu imprägnieren, daß sein Einsatz auf Sonderfälle in den leiternahen Papierlagen bei Höchstspannungskabeln beschränkt ist, wenn man dort den Feldstärkenverlauf durch eine Stufung der Dielektrizitätskonstanten gleichmäßiger gestalten will.

Daß in den Papierfabriken ausschließlich gewaschene Natron- oder Sulfatzellulose zu Kabelisolierpapieren verarbeitet wird, wurde bereits erwähnt. Nur so aufgeschlossene Zellulose weist die geforderte chemische und thermische Stabilität auf und hat keine mineralischen Verunreinigungen mehr, die zu einem Leitfähigkeitsanteil dielektrischer Verluste führen. Aber auch in den Papierfabriken werden zur Herstellung der Papierbahnen wiederum sehr große Wassermengen – im Holländer sowie in der Siebmaschine – benötigt. Die Qualität dieses Fertigungswassers ist für die dielektrische Qualität des Kabelpapieres von ausschlaggebender Bedeutung. Während früher die Standorte der Fabrikationsstätten entscheidend und jahreszeitliche Schwankungen störend sein konnten, wird heute generell künstlich aufbereitetes Wasser verwendet, das in der Fabrik in einem Kreislauf regeneriert und einer ständigen Überwachung unterworfen wird. Der Rest-Elektrolytgehalt im Kabelpapier bedingt nicht nur dessen dielektrischen Eigenschaften, sondern hat auch Einfluß auf die Trockenfähigkeit der Papiere. da er wesentlich das hygroskopische Verhalten bestimmt.

## 2.4 Eigenschaften von Kabelisolierpapieren und deren Nachweis

Mindest-Anforderungen sind in DIN 6740/2.69 „Isolierpapiere für die Elektrotechnik" zusammengestellt. Sie erheben allerdings keinen Anspruch auf Vollständigkeit, sollen und wollen nur richtungsweisend für die Zukunft sein. Für Kabelisolierpapiere sind Werte nach Tabelle 2.1 festgelegt.

**Tabelle 2.1** Mindestanforderungen an Kabelisolierpapiere

| Eigenschaft | Dimension | Einsatz in Niederspannungskabeln | Einsatz in Hochspannungskabeln |
|---|---|---|---|
| Rohdichte | kg/dm³ | 0,66 ... 0,75 | 0,76 ... 1,05 |
| Reißlänge, längs | m | > 8000 | > 8000 |
| Reißlänge, quer | m | > 3500 | > 3500 |
| Bruchdehnung, längs | % | > 2 | > 2 |
| Bruchdehnung, quer | % | > 4 | > 4 |
| Falzzahl | – | > 1500 | > 1500 |
| Saugfähigkeit (10 min) | mm | > 10 | > 10 |
| Glührückstand | Gew.-% | < 1,0 | < 0,6 |
| Leitfähigkeit im wäßrigen Auszug | μS/cm | < 100 | < 40 |

Die Messungen der mechanischen Eigenschaften setzen eine Konditionierung der Papierproben durch eine 24-stündige Lagerung im Normalklima 20/65 voraus, d.h. die Raumtemperatur muß 20 °C und die relative Luftfeuchte 65 % betragen.

- Die Rohdichte wird aus dem Flächengewicht, bezogen auf die Papierdicke, ermittelt. Um nicht zu viele Spinnteller in den Wickelmaschinen mit Papierrollen belegen zu müssen, werden selten *Papierdicken* unter 0,08 mm und aus elektrischen Gründen selten Dicken über 0,20 mm verwendet. Zur Erleichterung des Trocknungs- und Imprägnierprozesses wird ein *Raumgewicht* von 0,6 ... 0,7 kg/dm$^3$ bevorzugt. Zur Abstufung sind Raumgewichte bis 1,1 kg/dm$^3$ erwünscht. Da die Dichte der Zellulose 1,5 kg/dm$^3$ beträgt, bedeutet

– ein Raumgewicht von 0,6 kg/dm$^3$ einen Faserstoffanteil von 40 % im Volumen und
– ein Raumgewicht von 1,1 kg/dm$^3$ einen solchen von 73 %.

- Die *Reißlänge* ist diejenige Länge eines Papierstreifens von beliebiger (aber gleichbleibender) Breite und Dicke, bei der dieser Streifen an einem Ende aufgehängt gedacht, infolge seines Eigengewichtes am Aufhängepunkt abreißen würde. Sie wird aus dem Reißgewicht, der Breite des Streifens und dem Flächengewicht berechnet.
- Solche Zerreißversuche werden üblicherweise an Streifen von 15 mm Breite und 180 mm Länge durchgeführt. Die prozentuale Verlängerung, bezogen auf die freie Einspannlänge, im Moment des Zerreißens wird als *Bruchdehnung* bezeichnet.
- Die Geschmeidigkeit des Papiers wird durch seine *Falzzahl* charakterisiert. Ein an beiden Enden eingespannter, unter einer Zugkraft von 10 N stehender Papierstreifen von 15 mm Breite wird so oft nach beiden Seiten um nahezu 180° gefaltet, bis er zerreißt.
- Die *Saugfähigkeit* eines Papiers wird durch Messung der mittleren Saughöhe ermittelt, die ein 15 mm breiter, mit einem Ende in Wasser eingetauchter Papierstreifen nach 10 min aufweist. Sie ist in erster Linie auf Kapillarwirkung zurückzuführen und demzufolge weitgehend vom Gefüge des Papiers abhängig.
- Glührückstandsbestimmungen und Leitfähigkeitsmessungen im wäßrigen Auszug sind allgemein übliche Verfahren und bedürfen keiner näheren Erläuterung.

Zwei wichtige Eigenschaften sind nicht bzw. noch nicht in DIN 6740 verankert:

- Einmal ist dies die *Luftdurchlässigkeit* der Papiere, die zwar in einem gewissen Zusammenhang mit der Saugfähigkeit steht, aber in Hinblick auf das Trocknen und Tränken der Kabelisolierung von so grundlegender Bedeutung ist, daß eine eigene Messung angebracht ist. Sie wird als das Luftvolumen angegeben, das in einer Zeiteinheit durch Papier einer bestimmten Dicke und Fläche bei einem bekannten Druckunterschied von einer zur anderen Seite des Prüflings hindurchwandert.
- Zum anderen sind für den dielektrischen *Verlustfaktor* von Kabelpapieren unbedingt Höchstwerte anzugeben. Da dieser im Bereich der Betriebstemperaturen des Kabels durch Ionenleitfähigkeit bestimmt und damit temperaturabhängig ist, muß er sowohl bei Raum- als auch bei der höchsten Kabelbetriebstemperatur gemessen werden. Die Papierproben müssen sorgfältig getrocknet sein, da der Verlustfaktor von der Feuchtigkeit abhängt. Feuchtigkeit beeinflußt auch den *Isolationswiderstand* von Kabelpapier sehr stark, der im übrigen problemlos hoch liegt.

Werte für diese Zusatzanforderungen sind in Tabelle 2.2 zusammengestellt.

Tabelle 2.2 Zusatzanforderungen an Kabelisolierpapiere

| Eigenschaft | Dimension | Einsatz in Niederspannungskabeln | Einsatz in Hochspannungskabeln |
|---|---|---|---|
| Luftdurchlässigkeit nach Schopper | $cm^3/min$ | < 25 | < 5 |
| Verlustfaktor bei 90 °C | – | $< 10 \cdot 10^{-3}$ | $< 3 \cdot 10^{-3}$ |
| Isolationswiderstand bei 90 °C | $\Omega \cdot cm$ | $> 5 \cdot 10^{13}$ | $> 1 \cdot 10^{15}$ |

**Literatur**

*H. Stäger*, Elektrotechnische Isoliermaterialien, Stuttgart 1931

*W. Vogel*, Über die physikalischen Eigenschaften von Isolierpapieren vom Standpunkt des Elektrotechnikers, Pap. Fabr. (1939), S. 117–123, 127–132

# 3 Isolieröle zur Kabeltränkung

## 3.1 Wahl von Mineralölen zur Kabeltränkung

Hochwertige dielektrische Eigenschaften erhält eine Papierisolierung erst durch eine Vakuumtrocknung und eine anschließende Tränkung mit einem feuchtigkeitsabweisenden Imprägniermittel

- einmal, um ein Weiterverarbeiten – sei es in der Fabrik, sei es auf der Baustelle bei der Montage von Muffen und Endverschlüssen – zu ermöglichen,
- und zum anderen, um Glimmentladungen in den Vakuolen der Papierstruktur zu verhindern, die zu einer chemischen Zersetzung der Papierfasern und damit zu einem Verlust der Isolierfähigkeit führen würden.

Bei den ersten Papierkabeln wurde den dielektrischen Eigenschaften der Imprägniermittel kaum Aufmerksamkeit geschenkt. Dies war auch nicht notwendig, da der für die niedrigen Spannungen allein bedeutsame Isolationwiderstand bei den verwendeten Imprägniermitteln stets gegeben war. Man imprägnierte mit Pflanzenölen, Harzen, Ceresinen, Erdwachsen, Terpentin oder Vaselinen.

Als Schering in Hannover anfangs der 20er Jahre seine Brücke zur Bestimmung des Verlustfaktors von Isolierstoffen entwickelt hatte, stellten die Kabelingenieure schnell fest, daß manche Schwierigkeiten beim Übergang auf Spannungen über 10 kV auf ungeeignete Tränkmittel zurückzuführen waren. Im Grunde genommen verwundert das nicht; wenn schon Öle verwendet wurden, waren diese meistens Schmieröle, deren Viskosität notfalls durch Zusatz eines gerade verfügbaren, unraffinierten Naturharzes erhöht wurde.

Mit zunehmender Kenntnis über die an Kabelisolieröle zu stellenden Anforderungen, aber auch mit den schnellen Fortschritten der Mineralölindustrie setzte sich dann alsbald die ausschließliche Verwendung von Mineralölen zur Imprägnierung der Papierisolierung von Energiekabeln durch.

## 3.2 Klassifizierung von Mineralölen

Mineralöle, also flüssige Kohlenwasserstoffe, finden sich in Senkungsbecken der Erdrinde, in denen sich während der geologischen Vergangenheit der Erde Sedimente, meist in großer Mächtigkeit von mehr als 3000 m, abgelagert haben. In diesen Ablagerungen ist unter bestimmten Bedingungen Öl aus Resten von Lebewesen der früheren geologischen Zeiten entstanden.

Der chemische Aufbau der Mineralöle ist infolge der Mannigfaltigkeit der Verbindungen, zu der noch die Möglichkeit der Isomerenbildung kommt, außerordentlich komplex und das auch noch bei ein und demselben Vorkommen. Für den chemischen Aufbau kommen folgende Grundstrukturen (Bild 3.1) in Betracht:

- Unverzweigte Kohlenstoffketten ohne Doppelbindungen, die sogenannten Normal-Paraffine.
- Verzweigte Kohlenstoffketten ohne Doppelbindungen, die sogenannten Iso-Paraffine.
- Ringförmig zusammengeschlossene Kohlenstoffketten ohne Doppelbindungen, die sogenannten Naphthene (oder auch Cyklo-Paraffine).
- Kohlenstoff-Sechserringe mit abwechselnd einfachen und doppelten Bindungen zwischen den Kohlenstoffatomen, die sogenannten Aromaten.
- Verbindungen vom allgemeinen Typus der Paraffine oder Naphthene mit einzelnen oder mehreren Doppelbindungen, die sogenannten Olefine.

Komplizierter geartete Kohlenwasserstoffe, wie z.B. solche mit dreifachen Kohlenstoffbindungen, die sogenannten Azetylene, sind selten vertreten, und praktisch spielen bereits Olefine mengenmäßig eine nur untergeordnete Rolle.

*Paraffinbasische Öle* besitzen in chemischer Hinsicht eine relativ hohe Beständigkeit gegen äußere Einflüsse chemischer und physikalischer Art und zeichnen sich durch gute dielektrische Eigenschaften aus. Schwierigkeiten bereitet die Einhaltung eines genügend tief gelegenen Stockpunktes, da die Schmelztemperaturen der im Öl enthaltenen Paraffinkristalle ziemlich hoch liegen.

Die chemischen Eigenschaften der *naphthenbasischen Öle* stimmen, da sie auch zu den gesättigten Kohlenwasserstoffen gehören, weitgehend mit denen der paraffinbasischen Öle überein. Ihre Stabilität gegen äußere Einflüsse ist allerdings etwas geringer. Unter bestimmten Reaktionsbedingungen können die naphthenischen Ringe aufgespalten und in kettenförmige Verbindungen übergeführt werden. Ihre dielektrischen Eigenschaften sind hervorragend. Die verhältnismäßig sperrige Form der naphthenischen Moleküle erschwert ihre Kristallisation, so daß in Ölen vergleichbarer Molekülgröße der Stockpunkt 20 ... 30 °C unterhalb dem von paraffinbasischen Ölen liegt.

Ein völlig anderes Verhalten zeigen die *aromatenreichen Öle* infolge ihrer „ungesättigten" Doppelbindungen, die beim Angriff anderer, reaktionsfreudiger Substanzen, eventuell katalysiert durch Metalle oder energiereiche Entladungen, in normale Einfachbindungen übergehen können. Ihre Molekularstruktur begünstigt auch dielektrische Verluste infolge von ausgeprägten Dipolmomenten.

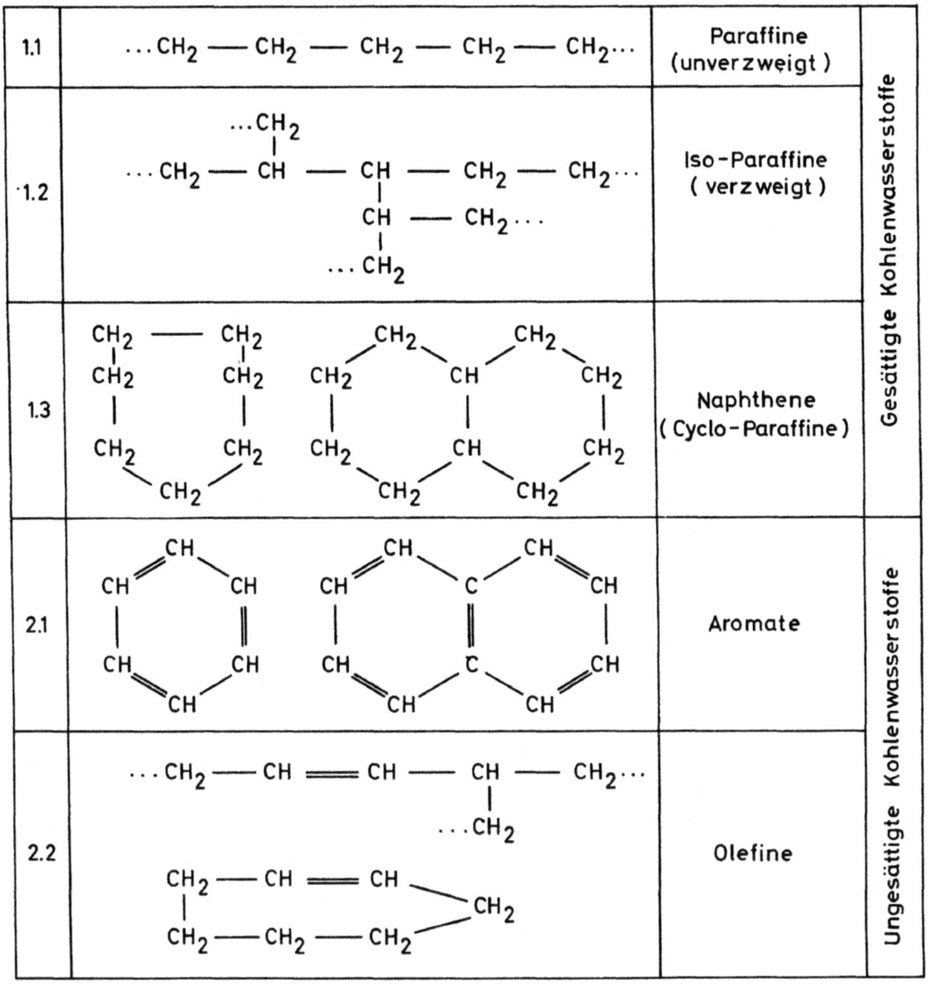


**Bild 3.1** Grundstrukturen des chemischen Aufbaus von Mineralölen

Noch ungünstiger hinsichtlich ihres Alterungsverhaltens sind die *olefinbasischen Öle*. Die in ihnen enthaltenen Doppelbindungen erlauben bereits unter normalen Druck- und Temperaturverhältnissen den Ablauf verschiedenartiger Reaktionen, deren Ziel stets der Übergang vom ungesättigten in einen gesättigten Zustand des Moleküls ist. Selbst wenn olefinische Anteile nach dem Destillationsprozeß in Mengen unterhalb 1 % im Isolieröl noch enthalten sind, führen sie zu sauren, harzartigen, häufig unlöslichen Alterungsprodukten, durch welche die dielektrischen Eigenschaften erheblich verschlechtert werden können.

In den Rohölen sind zusätzlich auch noch geringe Mengen sauerstoff-, stickstoff- und schwefelhaltiger Verbindungen enthalten, die zumeist an die zyklischen oder polyzyklischen Verbindungen (die sogenannten Erdölharze) gebunden sind. Durch Destillation

werden aus dem Rohöl die einzelnen Fraktionen wie Benzin, Dieseltreibstoffe und Heizöle, Gas- und Schmieröle, neben halbfesten und festen Bitumen-Rückständen gewonnen.
Diese Destillationsprodukte werden noch einer weiteren Aufteilung und Raffination zu Spezialprodukten unterworfen. Bei der Raffination spielen Behandlungen mit Schwefelsäure und Bleicherde sowie mit selektiven Lösungsmitteln, wie z.B. Phenol, Anilin und Nitrobenzol, eine große Rolle.
Die uns interessierenden *Kabelisolieröle* werden zumeist aus den schwereren Fraktionen mit hohen Siedepunkten gewonnen, wobei der Mineralölfachmann sein besonderes Augenmerk auf Verunreinigungen richten muß. Diese können durch Ionenleitfähigkeit oder Dipolschwingungen die dielektrischen Eigenschaften sowie die Ölalterung wesentlich beeinflussen.
Bei der Herstellung von Kabelisolierölen wird häufig mit Schwefelsäure raffiniert. Die Verunreinigungen werden unter Einwirkung der Säure in Form eines sauren Schlammes ausgeschieden, der bei kontinuierlichem Betrieb durch Zentrifugieren beseitigt wird. In dem auf diese Weise erzeugten Öl werden die Säurereste und die verbleibenden Rückstände mit Natronlauge neutralisiert und ausgewaschen. Anschließend wird dem Öl bis zu 20 % Bleicherde zugegeben, die die letzten Verunreinigungen absorbiert, und durch Filtrieren wieder beseitigt.

### 3.3 Eigenschaften von Kabelisolierölen

Die zum Tränken der getrockneten Papierisolierung in der Kabeltechnik verwendeten Isolieröle lassen sich hinsichtlich ihrer Viskosität in zwei Gruppen einteilen:

- Für Massekabel bis 30 kV und Druckkabel bis 275 kV werden dickflüssige Öle verwendet, deren Viskosität u.U. durch Zusatz natürlicher oder künstlicher Harze noch erhöht wird, damit eine Wanderung des Tränkmittels infolge statischer Druckdifferenzen oder infolge des Wärmespiels beim Betrieb eines Kabels möglichst erschwert ist.
- Für Ölkabel bis zu den höchsten Spannungen dagegen werden Öle mit einer möglichst geringen Viskosität benötigt, da die freie Beweglichkeit Voraussetzung für die Funktion dieses Kabeltyps ist.

Letztere Öle werden als „Ölkabelöl" bezeichnet, während – leider – der Begriff „Kabelisolieröl" doppeldeutig ist, indem er sowohl im allgemeinen Sinne als auch nur für die dickflüssigen Isolieröle benutzt wird. Im folgenden werden wir uns bevorzugt mit letzteren befassen, insbesondere nach Verschnitt mit Harzen, wobei dann von *Kabeltränkmassen* gesprochen wird.
Anforderungen an Kabelisolieröle sind nicht genormt. Zur Beurteilung sind die nachfolgenden Eigenschaften besonders wichtig.

- In Bezug auf die *Viskosität* werden an Kabeltränkmassen bestimmte Anforderungen gestellt:
  - Sie müssen bei der Imprägniertemperatur von ca. 130 °C sehr dünnflüssig sein, um in die feinsten Poren und Zwischenräume einzudringen.
  - Bei der Arbeitstemperatur des Kabels, die bis zu 80 °C betragen kann, soll die Viskosität so hoch sein, daß keine Massewanderung auftritt.

- Bei tieferen Temperaturen (etwa bis zum Gefrierpunkt) muß die Viskosität der erstarrten Masse noch Biegungen des Kabels beim Verlegen zulassen, ohne daß die Isolierung bricht.

Verwendung für die Herstellung von Kabeltränkmassen finden Isolieröle mit sehr unterschiedlichen Viskositäten. Jedoch wird beachtet, daß zur Erreichung des gewünschten Viskositätsniveaus

- von 1 $cm^2 s^{-1}$ bei 100 °C und
- von 1000 $cm^2 s^{-1}$ bei 20 °C

der notwendige Harzzusatz nicht mehr als 25 % beträgt. In Deutschland sind zwei Isolieröle weit verbreitet mit Viskositäten

- von 0,2 $cm^2 s^{-1}$ bei 100 °C und 50 $cm^2 s^{-1}$ bei 20 °C bzw.
- von 0,5 $cm^2 s^{-1}$ bei 100 °C und 500 $cm^2 s^{-1}$ bei 20 °C.

- Der *Stockpunkt* naphthenbasischer Kabelisolieröle liegt unterhalb −10 °C; bei paraffinbasischen Ölen kann er sogar oberhalb der Raumtemperatur liegen.
- Der *Flammpunkt* beträgt 250 ... 280 °C.
- Der *Wärmeausdehnungskoeffizient* liegt im Temperaturbereich von 0 ... 100 °C angenähert bei (7 ... 8) $\cdot 10^{-4}$/K, d.h. bei einer Temperaturänderung von 100 K nimmt das Ölvolumen um etwa 7,5 % zu bzw. ab.
- Die entscheidende physikalische Größe zur Beurteilung eines Kabelisolieröles ist sein *Verlustfaktor*, der sich mit ansteigender Temperatur möglichst wenig ändern und der auch in zeitraffenden Alterungsprüfungen möglichst gleichbleiben sollte.
  Die heutigen Kabelisolieröle haben bei 100 °C selten einen Verlustfaktor von mehr als $5 \cdot 10^{-3}$ und einen spezifischen Isolationswiderstand von weniger als $10^{12}\ \Omega \cdot cm$.
- Zur Prüfung der *Reinheit* des angelieferten Kabelisolieröls werden gemessen
  - der Wassergehalt durch eine „Spratzprobe“,
  - der Aschegehalt als Maß für unerwünschte mineralische Bestandteile (< 0,5 %) nach DIN 51 575
  - die Neutralisationszahl als Maß für unerwünschte freie Säuren oder sauer reagierende Bestandteile nach DIN 51 558 (≤ 0,03 mg KOH/g Öl).

### 3.4 Harzzusätze für Kabeltränkmassen

Das den Kabelisolierölen zugesetzte Kollophoniumharz fällt als fester Bestandteil bei der Terpentinherstellung an, bei der Harz von Nadelhölzern destilliert wird. Es ist eine spröde, durchsichtige, glasartige Masse. Das Rohmaterial wird durch Anzapfen von Nadelhölzern gewonnen.

In chemischer Hinsicht besteht *Kollophonium* in der Hauptsache aus Abiëntinsäure mit den verschiedensten Verunreinigungen. Insbesondere die Oxydationsprodukte von der Herstellung oder auch der anschließenden Lagerung schädigen die dielektrischen Eigenschaften der Kabeltränkmassen. Es wurden deshalb Raffinationsmethoden entwickelt, von denen die Vakuumdestillation des Kollophoniums sich am besten bewährt hat.

Durch gut ausgewählte und auf die Grundöle abgestimmte Harze läßt sich der Leitfähigkeitsanteil der dielektrischen Verluste der Kabeltränkmasse klein halten und vor allem auch der Anstieg mit der Temperatur begrenzen. Bei der Betriebstemperatur des Kabels sollte der Verlustfaktor einer guten Tränkmasse unter $5 \cdot 10^{-3}$ liegen. In diesem Bereich

werden die Verluste überwiegend von der *Ionenleitfähigkeit* bestimmt. Da die Ionenbeweglichkeit umgekehrt proportional der Viskosität ist, leuchtet eine Zunahme der Verluste mit steigender Temperatur, d.h. kleiner werdender Viskosität unmittelbar ein. Es können aber auch zusätzlich noch neue Ionen durch Dissoziation der Moleküle irgendwelcher Verunreinigungen entstehen. Wenn das Produkt aus Leitfähigkeit und Viskosität eine temperaturunabhängige Konstante ist, ändert sich der Ionengehalt mit der Temperatur nicht. Gute Tränkmassen kommen dieser Forderung oberhalb des Verlustfaktorminimums nahe.
Unterhalb dieses Minimums werden die dielektrischen Verluste durch die Dipole der Abiëtinsäure bestimmt, die im elektrischen Wechselfeld Bewegungen ausführen und dabei Arbeit gegen die innere Reibung verrichten. Durch eine hohe Viskosität wird dieser Vorgang stark behindert, so daß nur noch geringe Drehbewegungen ausgeführt werden können. Die Lage des Maximums dieser *Debye'schen Verluste* ist damit abhängig von der zugesetzten Harzmenge, durch die einmal die Anzahl der Dipole und zum anderen die Viskosität der Tränkmasse vorgegeben wird. Es dürfte in der Regel bei 5 ... 10 °C liegen und nicht mehr als $10 \cdot 10^{-3}$ betragen.

### 3.5 Haftmassen

Als in den 50er Jahren die Mineralölindustrie sich bemühte, den Herstellern fertige Kabeltränkmassen, d.h. bereits mit Harz verdickte Isolieröle oder Verschnitte von Isolierölen mit sehr hoher Viskositätslage, zu liefern, wurden von der englischen Dussek Bros. & Co. Ltd. auch sogenannte Non-draining-compounde propagiert. Wenn sie nicht relativ teuer wären, hätten sie möglicherweise die klassischen Öl-Harz-Tränkmassen schon völlig verdrängt.
Die plastisch-salbenartige Konsistenz der Haftmassen, die bis zu Temperaturen oberhalb der maximal zulässigen Kabeltemperaturen erhalten bleiben muß, wird durch *mikrokristalline Wachse* erreicht, die den Hauptbestandteil einer Haftmasse bilden. Diese mikrokristallinen Wachse sind meist synthetische Kohlenwasserstoffwachse und haben infolge ihrer besonderen chemischen Struktur einen Schmelzpunkt oberhalb 80 °C. Neben dieser Wachskomponente enthalten Haftmassen praktisch immer einen hohen Anteil Isolieröl auf Mineralölbasis sowie vielfach einen gewissen Prozentsatz Polyisobutylen.
Im flüssigen Bereich oberhalb des Tropfpunktes stimmen die rheologischen Eigenschaften einer Haftmasse mit denjenigen normaler Kabeltränkmittel überein. Aber bereits wenige Grad unterhalb ihres Tropfpunktes verändern sie ihre mechanischen Eigenschaften vollständig. Der plastisch-salbenartige Zustand versteift sich mit abnehmender Temperatur in reversibler Weise. Bei Einwirkung von Schubspannungen in einer Höhe, wie sie im Kabelbetrieb auftreten können, vermögen Haftmassen noch nicht zu fließen.
Eine weitere für das Verhalten einer Haftmasse sehr wesentliche Funktion ist der Verlauf des kubischen Ausdehnungskoeffizienten mit der Temperatur. Während er bei den üblichen Kabeltränkmitteln praktisch konstant ist, durchläuft er bei Haftmassen stets ein mehr oder minder ausgeprägtes Maximum, und zwar bei Temperaturen, die im normalen Kabelbetrieb vorkommen können. Je enger der Schmelzbereich einer Haftmasse ist,

- um so stärker wird sich die Volumenänderung beim Schmelzen auf ein schmales Temperaturintervall konzentrieren, um so mehr wird sich das Maximum des Ausdehnungskoeffizienten ausprägen und

- um so weniger ist eine solche Masse zum Imprägnieren eines Energiekabels wegen der Gefahr einer Hohlraumbildung im Dielektrikum geeignet.

Diese Hohlraumbildung, und zwar schon nach dem Tränkvorgang, ist das eigentliche Problem bei Haftmassekabeln. Durch sie werden die Betriebseigenschaften des Kabels bedingt, weniger durch die dielektrischen Werte der Haftmasse, die meist unproblematisch gut sind.


**Literatur**

*K. Brinkmann*, Untersuchungen an Kabelisolierölen deutscher Herkunft, Arch. El. techn. 40 (1951) S. 192–217

*E. Badum* und *K. E. Büscher*, Über den chemischen Aufbau von Isolierölen, F & G-Rdsch. H. 36 (1952) S. 170–183

*E. Badum* und *K. E. Büscher*, Strukturgruppenanalyse von Isolierölen nach der n. d. M.-Methode, F & G-Rdsch. H. 37 (1953) S. 215–217

*J. Kalb*, Mineralöle in der Elektrotechnik, Dtsch. El. techn. 10 (1956) S. 23–25

*K. E. Büscher*, Physikalische Eigenschaften von Non-Draining-Compounden, F & G-Rdsch. H. 44 (1959) S. 156–165


# 4 Fertigungsverfahren für Papierkabel-Isolierungen

## 4.1 Aufwickeln von Papierbändern auf den Kabelleiter

Für das Aufwickeln der Papierbänder auf den Kabelleiter müssen konstruktive Angaben gemacht werden über

- die Papierdickenstufung in Abhängigkeit vom wachsenden Durchmesser in der Isolierung,
- die Wahl der Fugenbreite zwischen zwei Umschlingungen eines Papierbandes derselben Lagenzahl,
- die Breite der Papierbänder, durch die unter Berücksichtigung der Stoßfugenbreite auch der Spinnwinkel festgelegt wird, unter dem die Papierbänder aufgewickelt werden sollen,
- die Abstufung der Wickelzüge, mit dem die Papierbänder aufgewickelt werden sollen,
- den Versetzungsgrad der Papierbänder benachbarter Lagen und
- die Schlagrichtungen der einzelnen Papierlagen.

Bei der Festlegung dieser Angaben sind zwei Gesichtspunkte zu beachten, die in ihren Auswirkungen teilweise gegenläufig sind und optimiert werden müssen:

- Die papierisolierten Kabeladern müssen biegbar sein, und das nicht nur im endgültigen Zustand nach ihrer Trocknung und Imprägnierung, sondern auch schon bei den davorliegenden Fertigungsprozessen;
- das Kabeldielektrikum muß nach dem Trocknen und Imprägnieren eine möglichst hohe elektrische Festigkeit aufweisen.

Das Ergebnis experimenteller und theoretischer Untersuchungen über den zweckmäßigsten Aufbau einer Papierkabel-Isolierung kann folgendermaßen zusammengefaßt werden:

- Im homogenen Feld eines Plattenkondensators wird die Durchschlagfestigkeit gegenüber Wechsel- bzw. Stoßspannungen in Abhängigkeit von der Papierdicke, der Stoßfugenbreite und der Versetzung der Stoßfugen gemessen. Dann kann die *Papierdickenstufung* unter Beachtung des Gesetzes

$$E_r = \frac{2 \cdot U_0}{d \cdot \ln \dfrac{D_A}{D_L}},$$

nach dem die Feldstärke $E_r$ in der Isolierung vom Leiter zum Mantel hin hyperbolisch abfällt, so ausgelegt werden, daß mit möglichst dicken Papieren, die am wirtschaftlichsten zu verarbeiten sind, die höchstmögliche elektrische Festigkeit $E_r = E$ erreicht wird. Es bedeuten:

$U_0$ Spannung über der Isolierung in kV
$E_r$ Feldstärke in der Isolierung in kV/mm
$E$ Durchschlagsfestigkeit der Papierlage in kV/mm
$d$ dazugehöriger Durchmesser in mm
$D_L$ Leiterdurchmesser in mm
$D_A$ Aderdurchmesser in mm

- Zwischen aufeinanderfolgenden Umschlingungen eines Papierbandes muß die Lücke so groß gewählt werden, daß bei Biegungen bis zu den minimal zulässigen Biegekerndurchmessern in der gestauchten Zone keine Beschädigungen oder Stauchungen der Papierkanten auftreten. Bei Wiederholung an sich zulässiger Biegevorgänge würden sonst sehr schnell elektrische Schwachstellen im Kabeldielektrikum auftreten.
Bei einer absolut symmetrischen Biegung der Kabelader ohne ein unregelmäßiges Verschieben der Papiere stoßen sich die Papierkanten in der konkaven Seite der Kabelader, wenn gilt (Bild 4.1):

$$\frac{\Delta B}{B} = \frac{D_A}{D_K}.$$

Dabei ist:

$B$ Papierbandbreite in mm
$\Delta B$ Stoßfugenbreite in mm
$D_A$ Aderdurchmesser in mm
$D_K$ Biegekerndurchmesser in mm

In der Praxis wird eine *Stoßfugenbreite* von 4 ... 10 % der Papierbandbreite gewählt und damit dem Umstand Rechnung getragen, daß aus dielektrischen Gründen die Lücke zwischen den Papieren möglichst klein sein soll, aber auch ein Sicherheitszuschlag wegen Unregelmäßigkeiten im Wickelverlauf benötigt wird.
Aus der genannten Beziehung läßt sich auch die Faustformel ableiten, daß der Biegekerndurchmesser größer als der 20-fache Kabeldurchmesser sein sollte.

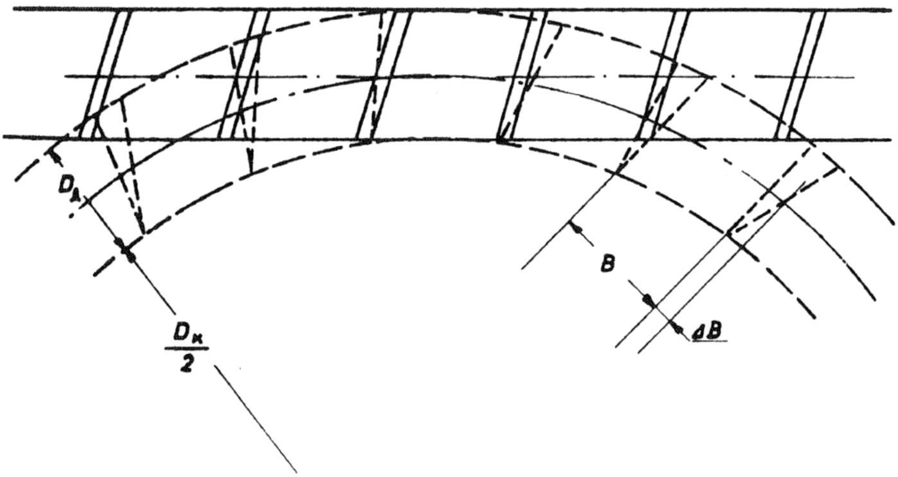


**Bild 4.1** Verhalten der Stoßfugen bei Biegung der Kabelader

- Die *Papierbreite* hat maßgeblichen Einfluß auf die Biegbarkeit der Kabelisolierung. Da die Elastizitätsgrenze von Papier niedrig liegt, nämlich
  - für Druckbeanspruchung bei 0,5 Längen-% und
  - für Zugbeanspruchung bei 1 %,

  muß beim Biegen der Kabelader, sei es bei der Fertigung, sei es nach Fertigstellung, ein ungehindertes Gleiten der Papiere gegeneinander möglich sein. Ein und dasselbe Biegeverhalten erfordert bei breiten Papierbändern eine lockere Wicklung, während schmälere Bänder eine aus dielektrischen Gründen erwünschte härtere Wicklung zulassen.

  Bei den geringen Abmessungen von Niederspannungskabeln können Papierbreiten bis zu 25 mm verwendet werden, wobei Steigungswinkel von 30° bei Stoßfugenbreiten von ca. 2 mm jedoch nicht überschritten werden sollten. Als mit größer werdenden Leiterquerschnitten und Isolierungswanddicken das Verhalten einer gewickelten Papierisolierung genauer untersucht wurde, erwiesen sich Steigungswinkel um 8° und damit ggf. Papierbreiten bis zu 30 mm als besonders günstig. Bei gleichem Wickeldurchmesser wird mit kleiner werdendem Spinnwinkel der Flächendruck größer, mit dem die Papierbänder an den Leiter angedrückt werden. Aber nur eine nicht zu hart gewickelte Isolierung erlaubt bei Biegungen der Kabelader ein Gleiten der Papierbänder gegeneinander und verhindert so Biegefalten und Kollapsstellen in der Isolierung, welche die dielektrische Festigkeit entscheidend beeinträchtigen würden.
- Lange Zeit wurde die Zugspannung, mit der die Papierstreifen aufgewickelt werden, so bestimmt, daß unter Ausnutzung der Reißfestigkeit der Papierstreifen und der Umlauf-Höchstgeschwindigkeit der Papierspinner die *Wickelzüge* möglichst hoch waren. Die bei etwas größeren Kabelabmessungen auftretenden Biegefalten hatten keine Auswirkungen, da die Kabel elektrisch überdimensioniert waren.

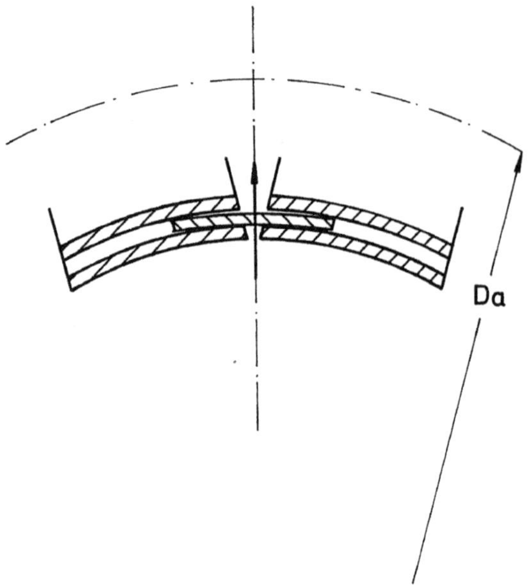


**Bild 4.2**
Ausbildung von Biegefalten in einer Kabelisolierung

Eine „Wickeltheorie“ muß zunächst einmal die inneren mechanischen Spannungen der Kabelisolierung erfassen, die beim Wickelprozeß auftreten. Diesen überlagert sich dann beim Biegen ein weiteres System von Spannungen, das zudem noch von den ursprünglichen Wickelspannungen abhängig ist. Die Gesamtkräfte müssen so begrenzt werden, daß sie unterhalb der kritischen Beanspruchung bleiben, unter der ein – als freitragend über einer Stoßfuge der benachbarten Lage gedachter – Papierring zusammengedrückt würde (Bild 4.2). Mit einem solchen Gedankenmodul läßt sich die Ausbildung von Biegefalten in einer Kabelisolierung recht gut erfassen.
Die kritische Belastung hängt in verwickelter Form sowohl von den Abmessungen der Papierbänder und ihrer Lagenanordnung, als auch von den elasto-mechanischen Eigenschaften der Papiere ab. Auflösungen dieses Systems von Differentialgleichungen bedürfen des Computereinsatzes, um dem Maschinenführer an der Wickelmaschine einstellbare Zugkräfte für die einzelnen Papierband-Lagen angeben zu können. Diese Zugkräfte liegen im Bereich von 300 ... 1500 p.

- Für den *Versetzungsgrad* der Papierbänder benachbarter Lagen weist die Wickeltheorie Werte von 25 ... 30 % als besonders günstig aus. Der maximal zulässige radiale Druck in der Isolierung liegt um den Faktor 1,5 höher als bei einer Versetzung der Papiere um 50 % von Lage zu Lage. Die Gefahr der Faltenbildung ist also deutlich geringer.

Eine solche Versetzung hatte man eigentlich aus elektrischen Gründen schon immer angewandt. Die dielektrische Festigkeit der Isolierung ist nämlich wohl hauptsächlich durch die Zahl der Papiere in radialer Richtung unter Abzug der Zahl der Stoßfugen gegeben. Bei einer 50 % Versetzung liegt in radialer Richtung nur jeweils ein Papier zwischen zwei Ölspalten. Ebenso ist eine unregelmäßige Versetzung auch sehr ungünstig, da sich dabei Entladungswege im Öl bilden können, die zwischen Leiter und Außenschirm nur ungenügend durch Papierlagen geschottet sind.

- Bei allen Seil- oder Wickelvorgängen treten Torsionsbeanspruchungen auf, die man durch einen Wechsel in der Schlagrichtung lageweise zum Ausgleich zu bringen versucht. Obwohl die Torsionsrestspannungen im Leiter in der Regel groß gegenüber den Torsionsrückstellkräften in der Isolierung sind, ist es üblich, die *Schlagrichtung* der Papiere zu wechseln. Wie viele Papiere in derselben Schlagrichtung gewickelt werden, hängt von der Belegungsmöglichkeit der „Spinner" in der Wickelmaschine ab. Grundsätzlich werden die leiternahen Papiere zunächst in der entgegengesetzten Schlagrichtung, wie sie die oberste Drahtlage des Leiters aufweist, gewickelt.

## 4.2 Trocknen der Kabelisolierung

Alle Papiere sind infolge ihrer faserförmigen Struktur hygroskopisch. Ihr Wassergehalt hängt von der relativen Feuchtigkeit der umgebenden Luft ab. Bereits ein geringer Feuchtigkeitsgehalt, wie er zur Verarbeitung der Papierstreifen in den Wickelmaschinen nicht unterschritten werden darf, um die mechanischen Eigenschaften der Papiere zu erhalten, verschlechtert die dielektrische Qualität der Kabelisolierung wesentlich:

- Der Isolationswiderstand sinkt ab,
- der Verlustfaktor steigt an,
- die Dielektrizitätskonstante liegt höher,
- die Durchschlagsfestigkeit fällt.

Die papierisolierten Adern müssen deshalb – unabhängig ob sie in klimatisierten Räumen mit niedriger Luftfeuchte gewickelt wurden oder nicht – sorgfältig getrocknet (und letztendlich imprägniert und mit einer feuchtigkeitsdichten Hülle versehen) werden.

Das Entfernen der in der Papierisolierung enthaltenen Feuchtigkeit ist ein komplizierter Vorgang, der durch Anwendung von Vakuum und Wärme gefördert wird:

- Zunächst wird die in den Kapillaren der Papierfasern eingelagerte Feuchtigkeit in freies Wasser und Dampf umgesetzt. In dieser ersten Phase wird der Isolierung in jeder Zeiteinheit die gleiche Wassermenge entzogen. Diese wird hauptsächlich durch Diffusion an die Umgebung abgegeben.
- Mit fortschreitendem Trockenprozeß wird das an den Kapillarwänden adsorbierte Wasser freigesetzt. In dieser zweiten längeren Phase wird die Wassermenge, die in der Zeiteinheit entfernt werden kann, immer geringer. Mit kleiner werdendem Feuchtigkeitsgehalt verringert sich auch der Konzentrationsunterschied zwischen der Feuchtigkeit im Inneren und der an der Oberfläche der Isolierung. Die Feuchtigkeitsmenge, die durch Diffusion an die Oberfläche gelangt, ist kleiner als diejenige, die an der Oberfläche verdampfen könnte. Die Verdampfungsgeschwindigkeit ist also durch die Diffusionsgeschwindigkeit im Inneren der Isolierung bedingt.
- In einer dritten Phase könnte dann durch Anwendung entsprechender Temperaturen und Zeiten das Strukturwasser der Zellulosemoleküle entfernt werden. Dies würde zu einem Verlust der guten mechanischen Eigenschaften führen und die elektrischen nur noch bedingt verbessern. Eine solche Übertrocknung ist also unbedingt zu vermeiden; nachgewiesen wird sie durch eine Falzzahlmessung. Nach wenigen Biegungen brechen übertrocknete Papiere.

Jedem Druck und jeder Temperatur des Kessels, in dem die Kabelseele eingelagert ist, entspricht eine bestimmte *Papierfeuchtigkeit*. Von dieser wiederum hängen dann die dielektrischen Eigenschaften ab:

- Seinen kleinsten Feuchtigkeitsgehalt erreicht Papier praktisch bei einem Gleichgewichtsdampfdruck von 1 ... $10^{-2}$ mbar.
- Um möglichst schnell die optimalen elektrischen Eigenschaften, die einem Wasserdampf-Gleichgewichtsdruck von $10^{-1}$ mbar entsprechen, zu erreichen, ist es zweckmäßig, mit einem Kesselvakuum von $10^{-3}$ mbar, also mit Hochvakuum, zu arbeiten.

Die Anwendung von Vakuum bei der Kabeltrocknung hat natürlich eine Verschlechterung des Wärmeüberganges von den Kesselwänden auf die Kabelisolierung, die zudem noch schlechtes Wärmeleitvermögen aufweist, zur Folge. Die nahe an den Kesselwandungen liegenden Windungen der Kabelseele und die am Umfang liegenden Schichten der Isolierung trocknen schneller als die innen liegenden. Im Vakuum kann die Wärme praktisch nur durch Strahlung übertragen werden. Diese ist aber nicht ausreichend, um die beim Verdampfen im Vakuum entstehenden Wärmeverluste in ausreichendem Maße zu decken.
Aus diesen Gründen wird der Trocknungsprozeß dadurch unterstützt, daß die Leiter durch Gleichstrom elektrisch aufgeheizt werden. Grenztemperaturen von 115 ... 120 °C dürfen in der Papierisolierung an keiner Stelle überschritten werden, da sonst während der benötigten Trockenzeit in der Größenordnung von Tagen die guten mechanischen Eigenschaften der Papiere verloren gingen.

Der übliche, erprobte *Trockenvorgang* hat folgenden Verlauf:

- Die papierisolierten Kabeladern werden lageweise in den Trockenkessel eingelegt. Die Beheizung der Kessel erfolgt mit Heißwasser (unter Überdruck) oder mit elektrisch beheiztem Öl durch Heizschlangen in Kesselwandungen und -deckel.
- In einer Aufheizperiode wird das Kabel unter Atmosphärendruck auf die zulässige Höchsttemperatur erhitzt. Die elektrische Leiterheizung beschleunigt den Vorgang. Durch Messen der Spannungs- und Stromwerte wird die Leitertemperatur und damit der Trockenvorgang kontrolliert.
- Erst nach dieser Aufheizperiode wird der Trockenkessel evakuiert, und zwar in möglichst kurzer Zeit, d.h. mit der höchsten verfügbaren Pumpenleistung, um einmal die mit der plötzlichen Druckverminderung verbundene Temperaturabsenkung im Kessel zur Steigerung des Dampfdruckgefälles auszunutzen, vor allem aber auch, um einen starken Evakuierungsstrom zu erzeugen.
- Periodisch werden immer wieder neue Evakuierungsströme erzeugt, indem trockene Luft unter Atmosphärendruck in den Kessel geflutet und nach erfolgter Erwärmung wieder evakuiert wird.
- Schließlich wird der endgültige Trocknungszustand im Hochvakuum herbeigeführt.

Die Trocknungszeiten hängen von der Isolierungsdicke ab und betragen zwischen 3 ... 4 Tagen bei einem Niederspannungskabel und 3 ... 4 Wochen bei Höchstspannungskabeln.

### 4.3 Tränkung der Kabelisolierung

Wird die Kabeltränkmasse im Kabelwerk zusammengestellt, so muß zunächst bei 120 °C und unter Anwendung von Vakuum die Feuchtigkeit aus dem Kabelisolieröl entfernt

werden. Bei Normaldruck wird dann das zerkleinerte Harz langsam eingerührt und anschließend die Masse etwa 24 h lang gekocht, bis sich auf ihrer Oberfläche kein Schaum mehr bildet. Sie wird dann entweder im Vorratskessel oder direkt in den Imprägnierkessel gepumpt.
Imprägniert wird in dem Kessel, in dem zuvor die Papierisolierung der Kabelader sorgfältig getrocknet wurde. Die Tränkmasse wird bei ca. 130 °C über einen mit einer Sprühanlage ausgerüsteten Vakuumkessel, in dem sie zerstäubt und von Gaseinschlüssen befreit wird, so in den Imprägnierkessel geleitet, daß der Füllvorgang in $1\frac{1}{2}$ ... 2 h beendet ist. Die Leistung der Vakuumpumpen muß ausreichen, um das von der Masse ausgeschiedene Gas abzusaugen und den Druck von ca. 0,1 mbar im Kesselinneren zu halten.
Mit zunehmender Imprägnierung, d.h. mit zunehmender Verkleinerung des Gasvolumens in der Kabelseele steigt der Druck, bis ein Gleichgewichtszustand nach 12 ... 24 h zwischen dem Druck, durch den die Masse in das Innere der Isolierschichten gedrückt wird, und dem in der Isolierung zusammengedrückten Gas eintritt.
Eine vollständige Durchtränkung erreicht man schneller durch Anwendung eines Überdrucks von 2 ... 4 bar.
Die anschließende Kühlung ist ein mindestens ebenso wichtiger Vorgang wie die vorangegangene Trocknung und Imprägnierung. Meist wird der Kessel durch Kühlwasser 48 h gekühlt, und anschließend werden die Pfannen, in denen die Kabel von der Tränkmasse bedeckt liegen, herausgenommen und weiter an der Luft abgekühlt. Ist das Kabel auf 30 ... 40 °C abgekühlt, kann es mit einem Metallmantel umpreßt werden, der die Kabelisolierung vor einer erneuten Feuchtigkeitsaufnahme auf Dauer schützt.

**Literatur**

*W. Ehlers* und *H. Lau*, Kabelherstellung, Berlin, Göttingen, Heidelberg 1956
*G. Wanser*, Die Trocknung von Hochspannungskabeln im Hochvakuum, CEG-Ber. (1956) S. 86–91
*J. Artbauer*, Kabel und Leitungen, Stuttgart, Berlin 1961
*P. Gazzana-Priaroggia*, *E. Occhini* und *E. Palmieri*, Fundamentals of the Theorie of Paper Lapping of a Single Core High Voltage Cable, Milano 1961

# 5 PVC als Kabeldielektrikum

## 5.1 Wahl von PVC zur Kabelisolierung

Unter dem Kurzbegriff „PVC" wird in der Kabeltechnik nicht das chemisch exakt definierte Polyvinylchlorid verstanden, sondern eine weichmacherhaltige Isoliermischung, die außerdem noch andere Zusätze enthält. Erst durch die Zusammensetzung spezieller PVC-Kompounde werden die Qualitätsanforderungen erreicht, die eine leichte und fehlerlose Extrusion des Kabeldielektrikums und seine spätere Bewährung bei allen Betriebserfordernissen sicherstellen.
Im Rahmen der Autarkiebestrebungen am Ende der 30er Jahre wurde PVC in Deutschland erstmals in größerem Maße zur Isolierung von Leitungen, vor allem für Wehrmacht

und staatliche Stellen, herangezogen, um einen Ersatzstoff für den knappen Naturkautschuk zu haben. Etwa seit 1948 bestand dann wieder die Möglichkeit Naturkautschuk in ausreichendem Umfang relativ preisgünstig zu importieren, aber auch PVC-isolierte Leitungen für den zivilen Installationsbedarf mit den höheren Anforderungen an die Lebensdauer herzustellen.

Es erwies sich sehr schnell, daß Kunststoffe keine Ersatzstoffe sind, sondern vollwertige Substanzen, durch deren Aufkommen erst mannigfaltige und neue technische Möglichkeiten erschlossen wurden. Die starke Verwendung in der Elektrotechnik mit sehr hohen Anforderungen an die Eigenschaften und die Verarbeitbarkeit hat einen großen Einfluß auf die Weiterentwicklung der Kunststoffe ausgeübt. Insbesondere müssen auch die von der Kabeltechnik gestellten Anforderungen als besonders hoch bezeichnet werden, da Kabel stets scharfen elektrischen und mechanischen Beanspruchungen über sehr lange Zeiten bis zu mehreren Jahrzehnten standhalten müssen und im Verhältnis zu ihrem Gewicht, ihren Abmessungen und ihrer Beanspruchung nur eine relativ geringe Materialdicke ausreichen muß.

Die heute erhältlichen Rohstoffe, die von der Kabelindustrie daraus getroffene Auswahl und die von ihr entwickelten Verarbeitungsverfahren ermöglichen Vorteile, die mit einer Papier- oder Gummiisolierung nicht oder nur mit erhöhtem Aufwand, also unwirtschaftlich zu erreichen wären. Hier wären etwa zu nennen:

- Fehlen jeder Ölimprägnierung und daher keine Masseabwanderung in Steilstrecken,
- keine oder sehr einfache Endabschlüsse in Innenräumen,
- geringes Gewicht gegenüber Papierkabeln, die einen feuchtigkeitsdichten Metallmantel erfordern,
- die Wasser- und Witterungsfestigkeit,
- eine gute Öl- sowie Ozonbeständigkeit,
- die gegenüber Gummiisolierungen hervorragende Alterungsbeständigkeit,
- Möglichkeiten zu einer vielfältigen Farbgebung
- und eine einfache, wirtschaftliche Verarbeitbarkeit.

Die Grenzen für die Verwendung von PVC zur Kabelisolierung sind darin zu sehen, daß jeder Kompound einen Kompromiß darstellt, meist der Art, daß nicht gleichzeitig ein gutes mechanisches Verhalten bei tiefen Temperaturen und gute elektrische Eigenschaften bei hohen Temperaturen erreicht werden können.

Der Einsatz von PVC ist deshalb auf Kabel mit Nennspannungen bis zu 10 kV beschränkt; auch können Sonderanforderungen an eine hohe Biegsamkeit in einem weiten Temperaturbereich nicht in einem ähnlichen Maße wie von gummiisolierten Kabeln erfüllt werden.

PVC fand 1944 erstmalig Eingang in eine VDE-Vorschrift und zwar in VDE 0250, die sich auf *isolierte Leitungen* bezieht. 1951 wurde die Anwendbarkeit der Kunststoffaderleitungen erweitert und 1952 wurden die zahlreichen Typen von Leitungen für feste Verlegung in der Ausführung mit PVC- oder Gummiisolierung bereits als gleichwertig angesehen. Heute spielen die letzteren nur noch eine Rolle für Spezialfälle im Berg- oder Schiffsbau.

Durch die VDE-Vorschrift 0265 von 1952 ist PVC als Isoliermaterial dann auch in das Gebiet der Energiekabel eingedrungen. Hier handelt es sich aber noch um bleiummantelte Kabel. Erst 1955 wurden durch VDE 0271 auch *bleimantellose 1 kV-Kabel* mit einer PVC-Isolierung für die Legung im Erdboden, in Kabelkanälen, im Freien oder in Innenräumen zugelassen. Die heute gültige Ausgabe 0271/2.76 kennt PVC-Kabel mit Nennspannungen bis zu 10 kV.

### 5.2 Anforderungen an PVC zur Kabelisolierung

Monomeres Vinylchlorid wird durch Additionssynthese von Azetylen $C_2H_2$ mit Chlorwasserstoff HCl unter Verwendung verschiedener Katalysatoren hergestellt. Diese bei 11 °C siedende Flüssigkeit wird in Druckbehältern nach Zugabe eines Beschleunigers polymerisiert:

$$CHCl = CH_2 \rightarrow -\underset{\displaystyle Cl}{\underset{|}{CH}}-CH_2-\underset{\displaystyle Cl}{\underset{|}{CH}}-CH_2-$$

Das PVC fällt als weißes, feines Pulver an, das ohne Geschmack und Geruch sowie physiologisch einwandfrei ist. Den Korneigenschaften für Aufbereitung und Verarbeitung wird große Bedeutung beigemessen. Welche PVC-Marke ein Kabelhersteller kauft, hängt ab

- von seinen maschinellen Einrichtungen für Lagerung, Förderung und Dosierung des PVC-Pulvers sowie
- von seinen Misch- und Aufbereitungsanlagen.

Die *Verarbeitungsfähigkeit* des Polymeren PVC ist von der Polymerisationsstufe abhängig. Da das Molekulargewicht nur sehr zeitraubend und umständlich zu bestimmen ist, bedient man sich zur Bewertung des sogenannten K-Wertes und der Viskositätszahl, die nach DIN 53 726 durch Viskositätsmessung verdünnter PVC-Lösungen ermittelt werden. Je größer diese Zahlen sind, desto größer ist auch das Molekulargewicht.

Der *K-Wert* von PVC beeinflußt nicht nur die mechanischen Eigenschaften, sondern auch die Verarbeitbarkeit:

- Ein PVC mit hohem K-Wert ergibt bessere mechanische Eigenschaften.
- Ein PVC mit niedrigem K-Wert läßt sich leichter verarbeiten.

Man schließt daher bei der Auswahl des PVC für Kabelisolierkompounde einen Kompromiß zwischen guten physikalischen Eigenschaften und gutem Verarbeitungsverhalten. Heute wird in der Kabelindustrie im allgemeinen ein PVC mit einem K-Wert von 70 und einer Viskositätszahl von 128 ml/g verwendet.

Die elektrischen und mechanischen Eigenschaften des Polymer PVC sind für den Kabeltechniker ohne besondere Bedeutung. Festgehalten sei an dieser Stelle nur der Wert des spezifischen Durchgangswiderstandes bei 20 °C mit $10^{15} \ldots 10^{16}\ \Omega \cdot cm$.

### 5.3 Zusammenstellung eines PVC-Kompounds zur Kabelisolierung

Ein PVC-Kompound, der zur Kabelisolierung brauchbar ist, entsteht durch Aufbereitung des Polymer-PVC mit

- einem Weichmacher, der die Mischung geschmeidig macht,
- einem Stabilisator, um die Zersetzung bei den hohen Verarbeitungstemperaturen und in verringertem Maße auch im Betrieb des Kabels in annehmbaren Grenzen zu halten,
- einem Gleitmittel, das den Durchfluß des Kompounds durch die Verarbeitungsmaschinen erleichtern soll,

- einem Füllstoff, der sicherlich zunächst aus Kostengründen, aber auch als Verarbeitungshilfe und zur Verbesserung der elektrischen Eigenschaften gewählt wird, und schließlich
- einem Farbstoff, wenn der Kompound zur Isolierung der farbig zu kennzeichnenden Adern von Niederspannungskabeln verwendet werden soll.

Über die Wirkungsweise der einzelnen Komponenten ist folgendes zu sagen:

- Durch die Einarbeitung von Weichmachern in das harte, spröde und sehr abriebfeste PVC werden flexible, dehnbare und elastische Produkte mit völlig anderen Eigenschaften erzielt. Neben den mechanischen Werten werden auch die dielektrischen Eigenschaften stark verändert. Ferner wird die Schmelzviskosität durch den Weichmacherzusatz erheblich herabgesetzt.

  Die unterschiedliche Weichmacherwirksamkeit der einzelnen Weichmacher, die in DIN 7723 klassifiziert sind, ist auf strukturelle Unterschiede im Weichmachermolekül zurückzuführen, je nachdem wie beweglich polare oder polarisierbare Gruppen sind. Die Polarität der Weichmacher muß jedoch auf die Dipole im PVC abgestimmt sein.
  - Die Ester der aliphatischen Dicarbonsäuren haben im Vergleich zu den Phthalsäureestern nur polare und keine weiteren polarisierbaren Gruppen im Molekül. Sie geben dem Endprodukt im wesentlichen eine bessere Kälteelastizität. Man spricht von *Abschirmweichmachern*, die mit ihrem unpolaren Teil PVC-Dipole gegen benachbarte PVC-Dipole abschirmen.
  - Im Gegensatz dazu werden die Phthalsäureester als *Scharnierweichmacher* bezeichnet, da neben den polaren Estergruppen auch der polarisierbare Benzolring mit einem zweiten PVC-Dipol eine Wechselwirkung eingehen kann und die beiden PVC-Dipole so über eine bewegliche Brücke verbunden sind.

  In der Kabelindustrie werden hauptsächlich Phthalsäureester, also Weichmacher mit polarisierbarem Benzolkern eingesetzt.
- Zur Verbesserung der thermischen Stabilität von weichgemachtem PVC werden für die Verarbeitung und für die Anwendung besondere Wärme- und Lichtstabilisatoren zugesetzt. Sie haben die Aufgabe, den bei Überhitzung des PVC abgespaltenen Chlorwasserstoff zu binden und den weiteren Zersetzungsvorgang zu unterbinden.

  *Stabilisatoren* beeinflussen die mechanischen Eigenschaften des Weich-PVC nicht, die elektrischen Eigenschaften dagegen erheblich. Bleiverbindungen, wie
  - Bleistearat,
  - Bleiphthalat,
  - Bleioxid oder auch
  - Kadmiumstearat

  sind am günstigsten. Man nimmt an, daß diese Stoffe auch als aktive Ionenfänger fungieren, den abgespaltenen Chlorwasserstoff absorbieren und damit elektrisch unwirksam machen. In der Kabelindustrie werden aus diesen Gründen überwiegend Bleistabilisatoren verwendet.
- Bei PVC wird die Viskosität der plastischen Masse durch den Weichmacheranteil erheblich erniedrigt, so daß sich
  - der Zusatz von Gleitmitteln mit hoher innerer Gleitwirkung zur Herabsetzung der inneren Reibung während der Verarbeitung meist erübrigt.

– Jedoch sind *Gleitmittel* mit vorzugsweise äußerer Gleitwirkung bei PVC angebracht, um das Kleben an den Metallflächen der Verarbeitungsmaschinen zu verhindern; auch wird die Oberfläche dadurch glatter und glänzender.

Das in Kabelmischungen häufig verwendete Bleistearat mit 28 % Bleigehalt hat neben seiner Stabilisierungswirkung eine erhebliche Gleitwirkung. Weitere Gleitmittel, die zur Verbesserung der Oberfläche verwendet werden können, sind

– Hartwachse,
– Paraffine,
– Stearinsäure und
– niedermolekulare PE-Sorten.

Die handelsüblichen Gleitmittel haben in den angewandten geringen Mengen keinen Einfluß auf die mechanischen oder elektrischen Eigenschaften der PVC-Isolierung.

- Zu den wichtigsten *Füllstoffen* zählen die gemahlenen Kreidesorten. Ohne Oberflächenbehandlung würden sie eine unerwünschte erhöhte Weichmacherabsorption aufweisen. Füllstoffe verändern die mechanischen Eigenschaften im allgemeinen in Richtung einer Versteifung des PVC:

  – Die Zugfestigkeit nimmt zu,
  – die Dehnung ab.

  Richtig ausgewählte Kreidefüllungen verbessern die dielektrischen Eigenschaften, da die aktive Oberfläche der Kreide die freien Ionen in der Mischung absorbiert.

  Füllstoffe haben immer einen erheblichen Einfluß auf die Wärme- und Lichtstabilität des weichgemachten PVC.

- Die *Farbstoffe* müssen licht- und wärmebeständig sein. Als weiße Pigmente werden Bleiweiß, Titandioxid und Lithophone verwendet. Zinkweiß hat sich nicht bewährt, da es die Zersetzung des PVC fördert. Als weitere Farbstoffe sind Chromgelb, Chromorange und Chromgrün, Eisenoxid und Indanthrenfarbstoffe geeignet. Zweckmäßigerweise werden organische Farbstoffe angewendet, da sie eine sehr gute Farbwirkung besitzen.

## 5.4 Eigenschaften und Prüfungen der PVC-Kompounde

Es liegt auf der Hand, daß die komplexe Zusammensetzung von PVC für Kabelisolierungen eine sehr große Möglichkeit zur Entwicklung von Haus- und Spezialmischungen ergibt und die Verarbeitungsvorgänge einen starken Einfluß auf die Eigenschaften haben. VDE 0472 „Leitsätze für die Durchführung von Prüfungen an isolierten Leitungen und Kabeln" bestimmt deshalb, daß die Prüfung der PVC-Mischungen nach VDE 0207 „Bestimmungen für Isolierhüllen und Mäntel aus thermoplastischem Kunststoff für isolierte Leitungen und Kabel" an Proben aus Kabelstücken und nicht an Prüfkörpern erfolgt. Demzufolge ermitteln die meisten dieser Prüfungen keine physikalischen Meßgrößen, wie es etwa der Elastizitätsmodul wäre, sondern es sind technologische Prüfungen mit einem Aussagebezug für die Praxis.

Folgende Eigenschaften sind mit Mindestanforderungen in VDE 0207 für einen PVC-Kompound festgelegt, der zur Isolierung eines Kabels für eine Betriebsspannung über 1 kV dienen soll:

- Mechanische Eigenschaften
  Die an einem Prüfstab aus der Kabelisolierung gemessene
  – *Zugfestigkeit* muß über 12,5 N/mm$^2$ und
  – die *Bruchdehnung* über 125 %
  betragen. Nach einer siebentägigen Alterung bei 100 °C dürfen diese Mindestwerte nach wie vor nicht unterschritten werden, zusätzlich dürfen sich die Werte vor Alterung aber auch nicht um mehr als 25 % infolge der Alterung ändern.
- Thermische Eigenschaften
  – Bei einem Thermoplast wie PVC muß sichergestellt sein, daß auch bei den Betriebstemperaturen der Kabel eine gute *Wärmedruckbeständigkeit* gegeben ist. Deshalb wird bei einer um 10 °C über der Betriebstemperatur von 70 °C liegenden Prüftemperatur ein stumpfer Prüfkörper von 0,7 mm Durchmesser auf die Kabelader mit bestimmter Kraft gepreßt. Die Eindrucktiefe darf nach vier Stunden 50 % der mittleren Wanddicke nicht überschreiten.
  – Plötzliche Temperaturänderungen dürfen nicht zu Rissen einer unter mechanischer Spannung stehenden Kabelisolierung oder zu starken Schrumpfungen führen. Dieses *Wärmeschockverhalten* wird nach einer einstündigen Erwärmung auf 150 °C mit anschließender Abkühlung auf 20 °C geprüft.
  – Zur Prüfung der *thermischen Stabilität* des kompoundierten PVC wird eine Probe aus der Isolierung zwei Stunden auf 200 °C erhitzt. Es darf dabei nicht zu einem Umschlag eines Universalindikatorpapieres von pH5 nach pH3 kommen, d.h. es darf keine sichtbare Rotfärbung eintreten.
- Elektrische Eigenschaften
  – In einer zehntägigen *Gleichspannungsprüfung* wird bei 60 °C die Wasserbeständigkeit der PVC-Mischung untersucht. Während dieser Zeit darf kein Durchschlag eintreten, wobei die Spannungshöhe von der Isolierungsdicke abhängt.
  – Der spezifische *Durchgangswiderstand* muß bei der maximal zulässigen Betriebstemperatur von 70 °C mindestens $10^{11}\ \Omega \cdot$ cm betragen.

### 5.5 Fertigungsverfahren für PVC-Isolierungen

Das PVC-Granulat wird mit Schneckenpressen

- entweder im Druckverfahren vorzugsweise bei dicken Isolierungen
- oder im Schlauchreckverfahren vorzugsweise bei dünneren Isolierungen

nahtlos auf den Kabelleiter aufgebracht. Nach entsprechender Erwärmung wird die PVC-Masse in teigigem, also plastischem Zustand durch eine den Erfordernissen angepaßte Öffnung auf den durch den Kopf des Extruders hindurchlaufenden Leiter aufgepreßt. Diese in ihrer Steigung dem gewünschten Extrusionsverfahren angepaßte Öffnung befindet sich in einem Körper, der als Matrize oder Mundstück bezeichnet wird. Damit der Leiter in der Matrizenöffnung die geforderte Lage einnimmt, wird er durch den sogenannten Dorn geführt. Die Matrize und der Dorn sind die eigentlichen Werkzeuge, die im sogenannten *Spritzkopf* eingebaut sind. Zur Erzeugung des erforderlichen Preßdrucks und für die Zuführung und den Nachschub des verarbeiteten PVC-Materials dient eine *Schnecke*, die sich in dem sogenannten Extruder-Zylinder bewegt, der von außen beheizt wird.

Die Extrudergröße bestimmt die geforderte Mengenleistung, d.h. die Fertigungsgeschwindigkeit der isolierten Ader. Die günstigste Schneckenlänge zur PVC-Ummantelung beträgt das 15 ... 20 fache des Schneckendurchmessers D. Sie muß so lang gewählt werden, um einmal den notwendigen Preßdruck zu erzeugen, vor allem aber um das Material genügend durchzuarbeiten und die erforderliche Temperatur von 120 ... 170 °C zum Erreichen der geforderten Plastizität zu erzielen.
Beim *Druckverfahren* muß das PVC das Werkzeug mit der gleichen Geschwindigkeit verlassen wie der durchlaufende Leiter. Beim *Schlauchverfahren* werden die gleichen Werkzeuge benutzt, jedoch ist das Mundstück größer im Durchmesser als die zu fertigende Isolierung. Dadurch hat die austretende PVC-Masse eine geringere Geschwindigkeit als der durchlaufende Leiter und muß gleich nach ihrem Austritt auf den Solldurchmesser herabgezogen werden. Bei PVC beträgt der Reckgrad bis zu 3 %. Die Anpassung an den Leiterquerschnitt erfolgt in der Regel mit Vakuum. Dieses Verfahren hat große Bedeutung für die Isolierung von Sektorleitern.
Die Ausstoßleistung moderner Extruder beträgt bis zu 800 ... 1000 m/min für PVC-isolierte Leitungen mit Querschnitten von 1,5 oder 2,5 $mm^2$ und fällt auf einige m/min für 10 kV-PVC-isolierte Adern mit großen Leiterquerschnitten.
Um die isolierten Adern ohne Verlagerungen der noch plastischen PVC-Hülle aufwickeln zu können, müssen sie zunächst in Wasserbecken gekühlt werden. Diese Kühlstrecken haben Längen um 50 m, um bei den erwähnten Geschwindigkeiten der dünnen Leitungen oder dem größeren Massevolumen von 10 kV-Adern genügend wirksam zu sein.

**Literatur**

*W. Ehlers* und *H. Lau*, Kabel-Herstellung, Berlin, Göttingen, Heidelberg 1956

*J. Artbauer*, Kabel und Leitungen, Stuttgart und Berlin 1961

*H. J. Trappenberg* und *R. Röhm*, PVC in der Elektrotechnik, Kunststoff-Handbuch Bd. II, S. 410–435, München 1963

*R. Mühlethaler*, Polyvinylchlorid für elektrische Kabel und Drähte, Bull. SEV 60 (1969) S. 667–671

*H. J. Mair* und *L. Meier*, Die Verwendung von Polyvinylchlorid bei der Kabelherstellung, Kunststoffe 60 (1970) S. 301–308

*H. Wegner*, Extrusionsverfahren und Anlagen für die Draht- und Kabelummantelung, VDI-Bildungswerk 901, S. 1–11

# 6 Polyäthylen als Kabeldielektrikum

## 6.1 Wahl von PE zur Kabelisolierung

Der Einsatz von PVC ist auf Kabel mit einer Nennspannung bis zu 10 kV beschränkt. Die an die Kohlenwasserstoffketten angelagerten Chlor-Atome bilden Dipole, deren Schwingungsverluste im elektrischen Feld bei höheren Spannungen die Belastbarkeit der Kabel zu stark einschränken würden.

Der molekulare Aufbau von Polyäthylen

```
  H  H  H  H  H
  |  |  |  |  |
 -C--C--C--C--C-
  |  |  |  |  |
  H  H  H  H  H
```

macht es sofort verständlich, warum man in diesem Material einen *idealen Werkstoff* für die Kabelindustrie erwarten darf.

- Ein nur aus Kohlenstoff- und Wasserstoffatomen bestehender Stoff muß eine niedrige Dielektrizitätskonstante haben.
- Das Fehlen polarer Gruppen bedingt kleinste dielektrische Verluste, welche kaum temperaturabhängig sein können.
- Die Leitfähigkeit sollte naturgemäß gering, die Durchschlagsfestigkeit hoch sein.
- Zu befürchten ist eine gewisse, auf der geringen Bindungsenergie der CH-Gruppe basierende Empfindlichkeit gegen die Einwirkung beschleunigter Ladungsträger.
- Die enge Packung der Molekülstruktur führt zu einem sehr geringen Wasseraufnahmevermögen und zu einer geringen Wasserdampfdurchlässigkeit.
- Schließlich weist Polyäthylen ein recht günstiges Verhalten bei Zug- und Druckbeanspruchung sowie eine gute Biegbarkeit innerhalb eines weiten Temperaturbereiches auf.

Im technischen Maßstab wurde Polyäthylen zuerst in den angelsächsischen Ländern zu Beginn des Zweiten Weltkrieges hergestellt. Die gesamte Produktion wurde nahezu ausschließlich zur Isolierung von Radar-Kabeln und militärisch wichtigen See-Kabeln zur Nachrichtenübertragung verarbeitet.

Die nach dem Krieg konsequenterweise versuchte Einführung des Polyäthylens auch zur Isolierung von Energiekabeln verlief nur auf dem Niederspannungssektor problemlos. Die hohe Glimmempfindlichkeit des Polyäthylens zwingt dazu, bei der Kabelherstellung die Bildung von Hohlräumen am oder im Dielektrikum mit Sicherheit zu vermeiden. Es waren deshalb Entwicklungsarbeiten notwendig,

- um eine Technologie zu erarbeiten, mit der die notwendigen Isolierungsdicken frei von mechanischen Spannungen extrudiert und ohne Bildung von Vakuolen abgekühlt werden können,
- um zu klären, welche Polyäthylene mit der höchsten Reinheit und mit den besten Verarbeitungsbedingungen hinsichtlich eines möglichst homogenen kristallinen Gefüges im Kabeldielektrikum herstellbar sind und ob chemische Zusätze die Glimmempfindlichkeit günstig beeinflussen können und
- um Kabelkonstruktionen zu finden, deren Betriebsfeldstärken und -temperaturen die Polyäthylenisolierung auf die Dauer von mindestens 30 Jahren gewachsen ist und bei denen ionisierbare Spalte auch nicht bei Biegungen des Kabels oder seinen Wärmespielen im Betrieb auftreten.

Diese Entwicklungen begannen anfangs der 50er Jahre und haben dazu geführt, daß Polyäthylen als Isoliermaterial für Mittelspannungskabel heute die Papierisolierung verdrängt und für Höchstspannungskabel zögernd für 110 kV, in Einzelfällen aber auch schon für 220 kV eingesetzt wird.

## 6.2 Verfügbare Polyäthylene

Polyäthylen kann heute mit Eigenschaften hergestellt werden, die in einem breiten Bereich variierbar sind. Es ist ein Polymer des Äthylens

$$CH_2 = CH_2 \rightarrow -CH_2-CH_2-CH_2-CH_2-$$

und wird in verschiedenen Polymerisationsstufen in flüssiger, halbfester oder fester Konsistenz hergestellt. Für die Kabeltechnik sind die PE-Typen mit einem Molekulargewicht von 15 000 bis 20 000 und höher brauchbar.

Das erste Polyäthylen wurde nach einem *Hochdruckverfahren* produziert, das auch heute noch in überwiegendem Ausmaß angewendet wird. Das damit gewonnene Polyäthylen hat eine *geringe Dichte* unter 0,925 g/cm³. Von seiner Struktur her kann man es als ein stark verzweigtes PE mit relativ kleinem kristallinen Volumenanteil charakterisieren.

Später lernte man, unter Verwendung bestimmter Katalysatoren den Polymerisationsprozeß bei niedrigen Drücken sehr genau zu steuern. Man kann so Polyäthylen mit hoher Dichte bis zu 0,96 g/cm³ erhalten, das einen nahezu linearen Aufbau und einen hohen kristallinen Volumenanteil hat.

Eine Reihe von Eigenschaften stehen in direktem Zusammenhang mit der Dichte. Man charakterisiert daher ein Polyäthylen besser nach seiner Dichte als nach dem Polymerisationsverfahren. Man hat so unmittelbarer einen Hinweis auf Verzweigungsgrad und Kristallinität.

Von den Materialeigenschaften her wäre theoretisch dem *hochdichten Niederdruck-PE* der Vorzug zu geben:

- Seine Glimmempfindlichkeit gilt als geringer als die von Hochdruck-PE, vorausgesetzt daß ein ungestörtes kristallines Gefüge vorliegt.
- Wegen seiner günstigen Schmelzviskosität ist es dem Hochdruck-PE thermisch überlegen. Das Erweichen beginnt bei 135 °C gegenüber 105 °C bei Hochdruck-PE. Dadurch könnte anstelle von 70 °C eine höchste Leitertemperatur von 85 °C im Dauerbetrieb und anstelle von 150 °C eine Kurzschlußtemperatur von 170 °C zugelassen werden.
- Da es in Pulverform und nicht wie Hochdruck-PE als Granulat geliefert wird, lassen sich sogenannte "voltage stabilizing additives" homogener einmischen. Dies sind flüssige aromatische Kohlenwasserstoffe, durch die die feinsten freien Volumina zwischen den Molekülen im amorphen Bereich ausgefüllt werden und so die elektrische Durchschlagsfestigkeit erhöht wird.

Trotz dieser guten Eigenschaften des Niederdruck-PE hat sich Hochdruck-PE zur Isolierung von Energiekabeln vor allem aus verarbeitungstechnologischen Gründen durchgesetzt. In der Abkühlungsphase nach der Extrusion ist weniger Aufwand zu treiben, um zu einem Kabel mit konstanten Eigenschaften zu kommen.

Ein Maß für die Extrusionsfähigkeit eines thermoplastischen Materials ist der *Schmelzindex*. Er ist definiert durch die Menge der unter Normbedingungen aus einer Düse ausgepreßten Substanz. Ein hoher Schmelzindex bedeutet dabei eine niedrige Schmelzviskosität und ein niedriges Molekulargewicht.

### 6.3 Eigenschaften von Polyäthylen zur Kabelisolierung

Die elektrischen Eigenschaften von Polyäthylen sind unproblematisch und erlauben einen Einsatz zur Isolierung von Kabeln bis zu den höchsten Spannungen. Bei Raumtemperatur beträgt

- der spezifische Durchgangswiderstand $10^{16} \dots 10^{17}\ \Omega \cdot \text{cm}$,
- der Oberflächenwiderstand $10^{14}\ \Omega$,
- die Dielektrizitätskonstante 2,3,
- der dielektrische Verlustfaktor $1 \cdot 10^{-4}$.

Zur *Rohstoffkontrolle* vor Beginn der Fertigung werden die Dichte und der Schmelzindex des Granulats ermittelt, die 0,925 g/cm³ bzw. 0,4 g/10 min nicht überschreiten dürfen, und wird die Sauberkeit des Granulats dadurch überprüft, daß Testfolien hergestellt und nach Reckung unter dem Mikroskop untersucht werden. Wenn die Zahl der durch Dehnung entstehenden Aufrisse hinter den Störstellen eine gewisse Grenze übersteigt, ist die Lieferung ungeeignet.

Die Überwachung der Rohstoffe allein bietet jedoch noch keine Gewähr für die Qualität der Kabelisolierung. Es können als Folge der beim Fertigungsprozeß auftretenden mechanischen und thermischen Beanspruchungen im Material sowohl reversible Veränderungen, z.B. eine übermäßig starke Orientierung der Fadenmoleküle in Spritzrichtung oder ungünstige Kristallisationsverhältnisse eintreten, oder auch irreversible Veränderungen stattfinden, wie z.B. ein thermischer Abbau der Polymeren oder eine Beeinträchtigung des Stabilisatorsystems.

Wie bei PVC sind deshalb die Anforderungen an die Isoliermischung, die ebenfalls in VDE 0207 festgelegt sind, an Proben zu überprüfen, die fertigen Kabelstücken zu entnehmen sind.

Folgende Eigenschaften sind mit Mindestanforderungen in VDE 0207 für Polyäthylen festgelegt, das zur Isolierung von Mittelspannungskabeln von 10 ... 30 kV dienen soll:

- *Mechanische* Eigenschaften

  Die an einem Prüfstab aus der Kabelisolierung gemessene
  - Zugfestigkeit muß über 10 N/mm² und
  - die Bruchdehnung über 300 %

  betragen. Nach einer zehntägigen Alterung bei 100 °C darf der Mindestwert der Bruchdehnung von 300 % nach wie vor nicht unterschritten werden.
- *Thermische* Eigenschaften

  Eingefrorene innere Spannungen geben sich durch ein Schrumpfen der Isolierhülle auf dem Leiter bei einer Erwärmung der Kabelprobe zu erkennen. Bei einer Prüftemperatur von 100 °C darf nach einer Stunde die an einer 200 mm langen Isolierhülle gemessene Schrumpfung nicht mehr als 4 % betragen.
- *Elektrische* Eigenschaften

  VDE 0207 verzichtet auf eine Festlegung der elektrischen Werte für PE-Mischungen, da sie immer ausreichend sind.

Es sei noch einmal wiederholt, daß diese Prüfungen nach VDE 0207 in erster Linie zur Beurteilung der Verarbeitungsqualität dienen und außerdem einfach und schnell durchführbar sein müssen. Keinesfalls können und sollen aus dem Ergebnis des Zugversuches, durch den die Zugfestigkeit und die Bruchdehnung ermittelt werden, Aussagen über das zu erwartende Zug-/Dehnungsverhalten der Isolierhülle gewonnen werden.

## 6.4 Fertigungsverfahren für PE-Isolierungen

Zur Herstellung einer Aderisolierung aus Polyäthylen werden *normale Schneckenpressen* wie bei PVC verwendet. Die Schneckenlänge wird mit 20 ... 25 D jedoch eher etwas größer gewählt. Die Ausstoßleistungen sind praktisch gleich.
Ein charakteristischer Unterschied besteht jedoch zwischen einer PVC- und einer PE-Schnecke in der relativen Länge der einzelnen Arbeitszonen. Man unterscheidet

- die Einzugszone, in der das Granulat verdichtet und vorgewärmt wird,
- die Übergangszone, in der das Material plastifiziert wird, und
- die Austrittszone, in der das Material homogenisiert und der zur Extrusion erforderliche Druck aufgebaut wird.

Während bei PVC, das keinen scharfen Schmelzpunkt hat, die Übergangszone eine Länge von ca. 8 D hat, beträgt sie bei PE-Schnecken nur ca. 3 D. Die Temperaturführung muß bei Polyäthylen sehr exakt erfolgen, da die Plastifizierung oberhalb des Schmelzpunktes, der bei 110 °C liegt, etwa bei 130 °C erfolgen muß, da eine „Flüssigkeit" von der Schnecke nur noch bei hinreichender Viskosität transportiert wird.
Eine *exakte Temperaturführung* ist auch deshalb notwendig, weil

- zu niedrige Spritztemperaturen eine rauhe Oberfläche und eine Versprödung der Isolierung ergeben und
- zu hohe Temperaturen zu Hohlräumen in der Isolierung infolge des sehr großen Wärme-Ausdehnungskoeffizienten von Polyäthylen führen.

Die Erfahrungen zur Vermeidung schädlicher Effekte bei der Extrusion von dickwandigen Isolierhüllen aus Polyäthylen lassen sich in folgenden Leitsätzen zusammenfassen:

- Die Extrudertemperatur bzw. die Durchlaufzeit muß so eingestellt sein, daß die austretende Schmelze völlig homogen ist und keinerlei Struktur mehr besitzt.
- Das Polyäthylen muß so ausgesucht sein, daß die Kettenlänge der Moleküle einerseits die Nachordnungsmöglichkeiten und damit die Kontraktionen nach der Verarbeitung abbremst, andererseits jedoch einen so festen Kristallverbund ermöglicht, daß diese Spannungen nicht zu lokalen Aufrissen führen.
- Die Kühlung soll so langsam erfolgen, daß die Moleküle ausreichend Zeit haben, sich unter weitgehender Annäherung an die dichteste Packung zu ordnen. Hierdurch wird die Nachkristallisation so weit verringert, daß keine größeren mechanischen Spannungen mehr entstehen. In der Praxis wird der PE-isolierte Leiter nach dem Verlassen des Extruders durch lange Kühlwasserstrecken geführt, deren Temperaturabstufung von ca. 90 °C fallend geordnet ist. Diese *Warmwasserkühlung* begünstigt die Ausbildung großer Sphärolite und verhindert das Nachschrumpfen und die Lunkerbildung.

- Schließlich sei im Vorgriff auf eine spätere genauere Behandlung noch auf die besondere Wichtigkeit hingewiesen, daß ionisierbare Zwischenräume zwischen Leiter und Isolierung vermieden werden. Zu diesem Zweck wird auf den Leiter durch Extrusion zunächst eine *leitfähige Schicht* aufgebracht, auf die dann in einem Arbeitsgang die PE-Isolierung aufgespritzt und mit dieser fest verschmolzen wird. Als leitfähiges Material werden meistens Copolymere aus Polyäthylen und Polyisobutylen verwendet, die durch Ruß- und Graphit-Zusätze eine Leitfähigkeit von $10^2 \ldots 10^3\ \Omega \cdot$ cm haben.

## 6.5 Vernetzung von Polyäthylen

Als Vernetzung bezeichnet man die Verknüpfung von Makromolekülen durch chemische Hauptvalenzbindungen zu einem Raumnetzwerk. Überragende technische Bedeutung hat dieser Vorgang bereits seit mehr als 100 Jahren in der Kautschukverarbeitung: Aus dem Naturprodukt Kautschuk wird durch eine Vernetzung über Schwefelbrücken das technische Produkt Gummi mit grundlegend anderen Eigenschaften.

Es sind heute verschiedene Verfahren bekannt, auch die Makromoleküle von Polyäthylen zu vernetzen und dadurch den *thermoplastischen* Werkstoff PE fast ohne Beeinträchtigung seiner hervorragenden elektrischen Eigenschaften in ein *thermoelastisches* Material zu verwandeln. Dadurch wird insbesondere das Verhalten bei höheren Temperaturen deutlich verbessert, so daß für den Werkstoff VPE dauernd 90 °C und z.B. während 1 Sekunde 250 °C zugelassen werden können.

Die größte technische Bedeutung hat heute die Vernetzung mit Hilfe von *organischen Peroxiden*, insbesondere von Dicumylperoxid. Bei höherer Temperatur zerfallen diese Peroxide in sogenannte Alkoxy-Radikale. Diese spalten dann aus der Polymerkette des Polyäthylen Wasserstoff ab und schaffen so Radikalstellen am Makromolekül. Zwei solcher Radikalstellen verschiedener Makromoleküle können sich dann unter Ausbildung einer C-C-Bindung absättigen.

Diese drei Schritte sind in Bild 6.1 symbolisiert.

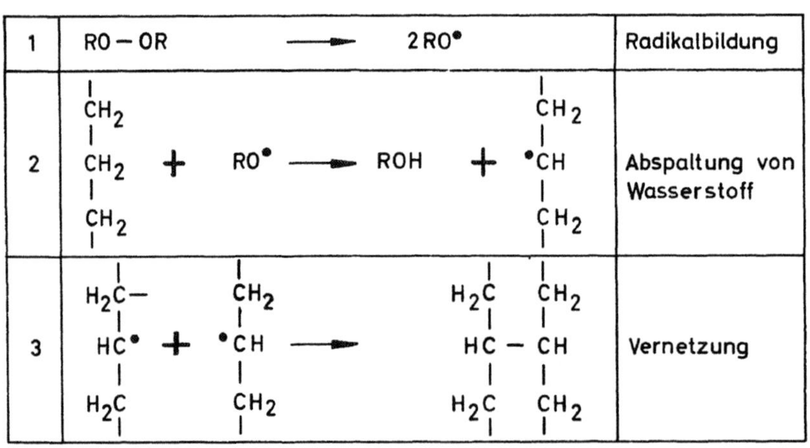


**Bild 6.1** Vernetzen von PE mit Hilfe von organischen Peroxiden

Die Chemische Industrie liefert entweder Polyäthylen-Kompounde, in die das Peroxid bereits eingearbeitet ist, oder Peroxide in flüssiger Form – soweit erforderlich als Lösung –, so daß der Kabelhersteller bei der Extrusion eine sogenannte Flüssigkeitsdosierung nach eigenen Erfordernissen vornehmen kann. Bei der Extrusion wird die Massetemperatur unter 130 °C gehalten, so daß bei der Plastifizierung und Formgebung noch keine merkliche Vernetzung einsetzen kann.

Um das Kabel auf die zur Vernetzung erforderliche Temperatur aufzuheizen, führt man es nach dem Verlassen des Extruders in der Regel unmittelbar in ein Dampfrohr, in dem ein Wasserdampfdruck von 20 ... 25 bar bei Temperaturen zwischen 200 °C und 250 °C herrscht. Dabei hat der *hochgespannte Wasserdampf* zwei Aufgaben:

- Zum einen sorgt er für die Wärmezufuhr, die durch Kondensation des Dampfes an der Kabelader schnell vonstatten geht,
- zum anderen wird durch den Druck im Dampfrohr eine Blasenbildung in der Isolierschicht weitgehend unterdrückt.

Um die zum Anspringen der Vernetzungsreaktion benötigte Wärmeenergie an alle Stellen der Kabelisolierung zu bringen, ist eine bestimmte Verweilzeit im Dampfrohr notwendig. Will man die möglichen Ausstoßleistungen der Extruder nutzen, sind Dampfrohrlängen von 100 m und mehr notwendig. Da erst die Vernetzung eine Formstabilität bewirkt, müssen die Kabeladern in einer freien Kettenlinie gehalten werden. Eingangs- und Ausgangsschleuse der Vernetzungsanlagen haben deshalb Höhendifferenzen um 10 m.

Bei der Abkühlung des vernetzten PE tritt eine geringere Dichteänderung durch die Kristallisation ein als bei unvernetztem PE, so daß eine VPE-Isolierung schneller abgekühlt werden kann, ohne daß eine Lunkerbildung zu befürchten ist.

### 6.6 Eigenschaften von VPE zur Kabelisolierung

VDE 0207 enthält die Anforderungen, die an VPE zur Isolierung von Mittelspannungskabeln von 10 ... 30 kV zu stellen sind:

- *Mechanische* Eigenschaften
  Die an einem Prüfstab aus der Kabelisolierung gemessene
  – Zugfestigkeit muß über 12,5 N/mm² und
  – die Bruchdehnung über 200 %
  betragen. Nach einer siebentägigen Alterung bei 135 °C dürfen beide Eigenschaften sich höchstens um 25 % ändern.
- *Thermische* Eigenschaften
  Diese werden pauschal über den Vernetzungsgrad erfaßt, der wiederum indirekt über einen Wärme-Zugversuch ermittelt wird. Nach 15minütiger Lagerung bei 200 °C darf ein Prüfstab höchstens eine Dehnung
  – von 175 % unter Belastung und
  – von 15 % nach Entlastung aufweisen.
- *Elektrische* Eigenschaften
  Wie auch bei Polyäthylen wird auf die Festlegung elektrischer Werte verzichtet.

**Literatur**

*K. Leilich* und *K. E. Büscher*, Polyolefine in der Kabeltechnik, Kunststoff-Handbuch Bd. IV, S. 700–747, München 1969

*E. Köhnlein*, Die peroxidische Vernetzung von Polyäthylen in Hinblick auf die Isolierung von elektrischen Kabeln, Kunststoffe 60 (1970) S. 883–889

*U. Müller*, PE-isolierte Kabel für 60 kV und 110 kV, El. wirtsch. 69 (1970) S. 420–424

*F. Würstlin*, Chemische und elektrische Eigenschaften von Polyäthylen, El. wirtsch. 69 (1970) S. 410–414

*H. U. Voigt*, Über den Vernetzungsgrad von VPE und die Problematik seiner Messung, Kunststoffe 29 (1976) S. 17–24

# 7 Kabelmäntel und -schirme, Schutzhüllen

## 7.1 Aufgaben dieser Kabelaufbauelemente

Die ölimprägnierte Papierisolierung ist sehr feuchtigkeitsempfindlich. Sie bedarf also eines *feuchtigkeitsdichten Mantels*.

- Seit den Anfängen der Kabeltechnik hat sich der Bleimantel bewährt, der sich verhältnismäßig einfach nahtlos über die Kabelseele pressen läßt und die Biegbarkeit des Kabels nicht einschränkt. Nachteilig ist sein hohes Gewicht und seine Erschütterungsempfindlichkeit.
- Diese Nachteile hat ein Aluminiummantel nicht. Da er außerdem sehr gut leitet, wird er in zunehmendem Maße als Erdleiter verwendet. Bei größeren Kabeldurchmessern über 50 mm wird seine Biegbarkeit durch eine Wellung sichergestellt.
- Bei Niederspannungskabeln sind zeitweise auch Kupfer- und Stahlmäntel verwendet worden. Sie werden aus Blech gebogen und dann gefalzt, gelötet oder geschweißt.

Solche nahtlosen Metallmäntel können natürlich bei Kabeln mit einer feuchtigkeitsunempfindlichen Isolierung entfallen. Für höhere Spannungen ist dann jedoch in jedem Fall ein *statischer Schirm* über der Isolierung erforderlich. Er besteht aus einer Lage Kupferdrähten, die so in ihrem Querschnitt bemessen sind, daß zwischen ihnen kein größerer Abstand als 4 mm entstehen und daß der Gesamt-Schirmquerschnitt einen Erdschlußstrom führen kann. Eine Berührung der Hochspannung bei einer äußeren Beschädigung des Kabels ist damit ohne gleichzeitigen Erdschluß, der zum Abschalten der Spannung führt, nicht möglich. Gleichzeitig bietet der Schirm konstruktive Vorteile in Hinblick auf die Bemessung der Isolierungsdicke, da er das elektrische Zylinderfeld erzwingt, bei dem die Feldlinien radial verlaufen. In radialer Richtung weist aber die Kabelisolierung ihre höchste Durchschlagsfestigkeit auf.

Diese metallenen Mäntel und Schirme müssen eine *äußere Schutzhülle* gegen Korrosion erhalten. Ein dauerhafter Schutz der Kabel gegenüber Korrosionsangriffen ist für ihre Verfügbarkeit zum Energietransport während erwarteter 30 Jahre oft entscheidender als die Alterung der elektrischen Isolierung. Im folgenden sollen deshalb die Korrosionsvorgänge und der Korrosionsschutz so umfassend besprochen werden, daß spätere Wieder-

holungen oder Ergänzungen nicht notwendig sind. Dies bedeutet insbesondere die Einbeziehung des aktiven Korrosionsschutzes, der an sich nicht in die bisherige Gliederung nach Kabelaufbauelementen paßt und Anwendung auch nur bei bestimmten Höchstspannungskabeltypen findet.
Grundsätzlich sind zwei prinzipiell verschiedene Arten von Korrosionsschutz zu unterscheiden:

- Der passive Korrosionsschutz, bei dem das Metall durch eine schützende Hülle gegen die Umgebung abgekapselt ist, so daß keine Wechselwirkungen stattfinden können,
- der aktive Korrosionsschutz, bei dem die Umweltbedingungen durch gezielte Maßnahmen so verändert sind, daß sie für das Metall keine Gefahr mehr darstellen.

### 7.2 Grundlagen der Metallkorrosion

Man unterscheidet oft zwischen rein chemischer und elektrochemischer Korrosion, wobei die Grenzen zwischen beiden nicht immer ganz eindeutig abgesteckt sind. Man kann sagen:

- Rein chemische Korrosion liegt dann vor, wenn keines der beteiligten Medien eine Ionenleitfähigkeit besitzt.
- Elektrochemische Korrosion liegt dann vor, wenn mindestens ein Medium mit Ionenleitfähigkeit beteiligt ist.

In der Praxis der Kabeltechnik kommt gelegentlich auch die chemische Korrosion vor. Weitaus an erster Stelle stehen jedoch diejenigen Korrosionsprozesse, bei denen elektrolytische Vorgänge im Spiele sind.
Voraussetzungen dafür, daß eine *elektrochemische Korrosion* zustande kommt, sind

- der Kontakt des Metalls mit einem Elektrolyten hinreichender Leitfähigkeit und
- das Vorhandensein von Stellen unterschiedlichen Potentials im Metall oder im Elektrolyten.

Solche Systeme bilden geschlossene galvanische Elemente. In ihnen spielen sich Vorgänge ab, die denen in den bekannten galvanischen Elementen sehr ähnlich sind, also

- Stromfluß im Metall (Elektronenstrom),
- Ladungsaustausch an den Elektrodenflächen,
- Stromfluß im Elektrolyten (Ionentransport),
- Materialabtrag oder -abscheidung an den Elektrodenflächen, wobei
- Primär- und Sekundärreaktionen der vorhandenen und der neu gebildeten Stoffe zur Bildung von Korrosionsprodukten führen.

Wegen der Analogie zu den galvanischen Elementen nennt man solche Systeme auch Korrosionselemente.
Der einfachste Fall eines solchen Korrosionselements ist gegeben, wenn sich zwei verschiedene Metalle in einem Elektrolyten berühren. Die hierbei sich einstellende Potentialdifferenz und damit die Korrosionsgefährdung des einen Metalls läßt sich etwa aus der Stellung der beiden Metalle in der elektrochemischen Spannungsreihe abschätzen. In dieser Spannungsreihe sind die einzelnen Metalle bekanntlich nach der Höhe ihrer Normalpotentiale geordnet. Je negativer das Normalpotential eines Metalls bzw. je größer die

Potentialdifferenz zu einem anderen Metall ist, umso eher ist mit einer Korrosion dieses Metalls in elektrolytischer Umgebung und im Kontakt mit dem anderen Metall zu rechnen. Diese Aussage gilt allerdings nur für chemisch reine Systeme, während doch in der technischen Praxis erhebliche Verschiebungen in der Lage der einzelnen Potentiale möglich sind. Überhaupt spielt das zur Erläuterung des Sachverhaltes beschriebene kleinmakroskopische Korrosionselement aus zwei sehr unterschiedlichen Metallen und einem umgebenden Elektrolyten in der Praxis keine sonderliche Rolle. Hier sind in erster Linie örtliche Unterschiede in Mikrobereichen verantwortlich und man spricht deshalb im Zusammenhang mit der Metallkorrosion auch gerne von *Lokalelementen* und bringt damit zum Ausdruck, daß sich das Korrosionsgeschehen in kleinsten Bereichen abspielt, wobei selbstverständlich eine Unzahl solcher Lokalelemente flächenhaft nebeneinander wirksam sein kann.

Die für den Korrosionsprozeß erforderlichen Potentialdifferenzen in solchen Lokalelementen können hervorgerufen werden

- im Metall durch
  - Unterschiede im Gefüge,
  - Deckschichten an der Oberfläche,
  - Verunreinigungen, Einschlüsse, Ausseigerungen, mechanische Spannungszustände,
- im Elektrolyten durch
  - Unterschiede in der chemischen Zusammensetzung,
  - Unterschiede in der Belüftung,
  - unterschiedliche Temperaturen und Konzentrationen.

Dieser Vielzahl von Entstehungsursachen für Lokalelemente entspricht auf der anderen Seite eine ungeheure Vielfalt von Erscheinungsformen. Neben solchen Strömen, die aus dem Korrosionselement selbst stammen, können auch Ströme aus der Umgebung, sogenannte *vagabundierende Ströme* oder Fremdströme, eine Korrosion auslösen oder sie verstärken. Bei Fremdstromeinfluß ist die Korrosionsgefahr besonders groß, weil hierbei meist wesentlich größere Stromstärken zur Verfügung stehen, was wiederum einen entsprechend stärkeren Metallabtrag zur Folge haben kann.

### 7.3 Verhalten metallener Mantel- und Rohrwerkstoffe

Sieht man von Fremdstromeinfluß ab, durch den selbstverständlich alle Metalle zu schädigen sind, so läßt sich zur Korrosionsneigung der in der Kabeltechnik verwendeten Mantelwerkstoffe folgendes sagen:

- *Kupfer* ist mit +0,34 V das edelste unter den in der Kabeltechnik gebräuchlichen Mantelmaterialien. Seine Korrosionsneigung ist dementsprechend gering und beschränkt sich auf wenige Sonderfälle, mit denen in der Praxis im allgemeinen nicht zu rechnen ist.
- *Blei* kann ebenfalls noch als recht korrosionsbeständiges Metall bezeichnet werden. Sein Normalpotential liegt mit −0,13 V immer noch ziemlich hoch. Außerdem neigt Blei zur Bildung von Deckschichten aus unlöslichen oder sehr schwer löslichen Bleiverbindungen, die ihm einen natürlichen Schutz verleihen, indem sie einen weitergehenden Angriff verhindern. Sind in der Umgebung allerdings Stoffe vorhanden, die

diese Deckschichten aufzulösen vermögen, kann es zu Korrosionsvorgängen kommen. Diese unangenehme Eigenschaft haben leider einige Stoffwechselprodukte der an Fäulnisprozessen beteiligten Mikroorganismen. Unbeständig ist Blei ebenfalls gegen gewisse alkalische Medien, z.B. kann in Kontakt mit noch nicht vollständig abgebundenem Zement Korrosion auftreten.

- *Stahl* besitzt mit −0,44 V ein bereits recht niedriges Normalpotential und ist außerdem nicht in der Lage, wirksame Deckschichten zu bilden. Oberflächlich anhaftender Rost – wohl das bekannteste Korrosionsprodukt – wirkt eher umgekehrt noch korrosionsfördernd. Den vielfältigen Angriffsmöglichkeiten korrosiver Umgebungen auf Stahl ist daher unbedingt zu begegnen.
- *Aluminium* hat mit −1,66 V das mit Abstand tiefste Normalpotential unter den metallenen Mantelwerkstoffen, läßt also eine sehr starke Korrosionsanfälligkeit erwarten. Aufgrund der Ausbildung einer sehr dichten Aluminiumoxid-Deckschicht erweist sich Aluminium in trockener Atmosphäre aber als sehr beständig. In feuchter Atmosphäre – und vor allem im Erdboden und im Wasser – wird diese Schicht aber leicht zerstört, und es kommt zu der zu erwartenden schnellen und starken Korrosion, die sich im allgemeinen auf einzelne Stellen besonders konzentriert.

### 7.4 Passiver Korrosionsschutz

Das Prinzip dieser Schutzart besteht einfach darin, die metallenen Teile des Kabels oder der Anlage gegen die Umgebung dicht abzukapseln, d.h. sie so zu umhüllen, daß keine oder allenfalls nur sehr geringe Wechselwirkungen zwischen drinnen und draußen möglich sind.

An Schutzhüllen für Kabel und Rohrleitungen sind generell folgende *Anforderungen* zu stellen:

- Sie müssen mechanisch so stabil sein, daß sie den zwischen Fertigung und Verlegung auftretenden normalen Beanspruchungen, z.B. Dehnung, Biegung, Abrieb ohne Schaden widerstehen können,
- sie müssen chemisch dauerhaft und alterungsbeständig sein, d.h. die gute Abschirmwirkung gegen äußere Einflüsse muß über eine möglichst lange Zeit erhalten bleiben,
- sie müssen insbesondere resistent sein gegen Elektrolyte, wie z.B. Salzlösungen, verdünnte Säuren und Basen, die im Erdboden oder anderen Umgebungsmedien vorkommen können,
- sie sollten wasserundurchlässig und von möglichst geringer Wasserdampfdurchlässigkeit sein,
- sie sollten auf den zu schützenden Metallmänteln bzw. -rohren fest haften, um das Eindiffundieren und vor allem das Kondensieren von Feuchtigkeit zu vermeiden,
- sie sollten weitgehendst resistent gegen direkte oder indirekte biologische Einflüsse sein.

Wesentlicher Bestandteil vieler *Bauarten* ist ein extrem hochviskoser Kompound, im allgemeinen auf Bitumenbasis. Plastische Masse enthält im Gegensatz zu zähflüssiger Masse noch Zusätze, die dafür sorgen, daß

- bei tiefen Temperaturen eine gute Duktilität vorhanden ist, d.h. daß die Masse noch dehnbar bleibt und z.B. bei Biegebeanspruchung nicht reißt oder abplatzt,

- bei hohen Temperaturen noch eine gute Standfestigkeit vorhanden ist, d.h. daß die Masse sich nur schlecht eindrücken oder seitlich wegdrücken läßt.

Die Massen werden in heißem Zustand auf den blanken oder mit einem dünnen Bitumenlack vorgeölten Metallmantel aufgebracht und haften außerordentlich fest an der Metalloberfläche.
Als Trägermaterial für solche Massen dienen Faserstoffbänder, z. B. aus Papier oder Textil, sowie Jutestricke, also Materialien auf der Basis aufgeschlossener oder nicht aufgeschlossener Zellulose, ferner für Rohrleitungen gelegentlich noch ähnliche Materialien auf Glasfaserbasis. Sie sind zur besseren Bindung an die Masse meist vorimprägniert, im Falle der organischen Materialien zugleich zum Schutz gegen Fäulnis. Die Faserstoffe auf organischer Basis bleiben auch im imprägnierten Zustand hygroskopisch, d.h. im Kontakt mit feuchter Umgebung nehmen sie bis zu einem gewissen Sättigungswert wieder Feuchtigkeit auf. Hierdurch fällt der Isolationswiderstand solcher Schichten zwar um mehrere Zehnerpotenzen ab, andererseits erlaubt dieses Verhalten aber eine zusätzliche kontinuierliche Erdung der geschützten Kabel. Schließlich sollte auch die gute Polsterwirkung von Schichten aus Faserstoffbändern oder Jute nicht unerwähnt bleiben.
Bei anderen Konstruktionen dienen Bänder aus harten Kunststoffen oder aus Gummi als Trägermaterial für darunterliegende Masseschichten. Überlappend gewickelte Bänder üben auf darunterliegende Masseschichten einen nicht unerheblichen Anpreßdruck aus, der sich bis auf die Grenzfläche Metall/Masse fortsetzt und dort vorteilhaft auswirkt, im Falle einer kleineren äußeren Beschädigung der Schutzhülle auch eine gewisse Selbstheilung veranlaßt.
Von großer Bedeutung für den Korrosionsschutz sind heutzutage thermoplastische Kunststoffe, vor allem weichgemachtes PVC, und zwar in Form extrudierter nahtloser Hüllen, die zugleich einen sauberen Abschluß nach außen ergeben. Diese Werkstoffe stellen im Hinblick auf die für den Korrosionsschutz zu fordernden Eigenschaften hervorragende Materialien dar, ohne die eine Lösung des Korrosionsschutzproblems für die empfindlichen Materialien Aluminium und Stahl nur schwerlich möglich gewesen wäre. Hierbei werden über den zu schützenden Metallmantel zunächst Masseschichten aufgebracht, im allgemeinen mit eingewickelten Kunststoff- oder Elastomerbänder, und darüber im Extrusionsverfahren eine Hülle aus thermoplastischem Kunststoff. Den eigentlichen Korrosionsschutz bildet dabei die Kombination aus den beiden Schichten aus plastischer Masse und der mit ihnen intensiv verklebten Folienschicht. Diese Kombination stellt bereits für sich allein einen dauerhaften Schutz dar. In der Praxis kann man allerdings auf die äußere Hülle aus PVC nicht verzichten, da sie als Druckschutz für die weichen inneren Schichten eine wichtige mechanische Funktion zu erfüllen hat. Daß sie zusätzlich als sehr wirksame Wasser- und Ionensperre dient, erhöht die Korrosionsschutz-Funktion einer solchen Hülle noch beträchtlich.

### 7.5 Aktiver Korrosionsschutz

Das Prinzip dieser Schutzart besteht darin, den Korrosionsvorgang durch einen angemessenen Gegenstrom (Schutzstrom) oder durch das Ableiten von sonst elektrolytisch austretenden Streuströmen über metallene Verbindungen umzukehren. Die zu schützende Metalloberfläche wird damit zur stromaufnehmenden Kathode, weswegen diese Schutzart auch die bereits eingebürgerte Bezeichnung kathodischer Korrosionsschutz erhalten hat.

Es ist einleuchtend, daß ein solches Verfahren anwendungstechnisch niemals die Breite haben kann wie etwa die passive Abkapselung der Metallteile durch Schutzhüllen, die praktisch unter allen Verhältnissen möglich ist. Der kathodische Korrosionsschutz wird zudem in der Praxis auch nicht für sich allein angewendet, sondern stets in Verbindung mit einer hochwertigen Schutzhülle. Nur so kann der Schutzstrombedarf möglichst klein gehalten werden, so daß Fremdanlagenteile nicht gefährdet werden. Auf dem Kabelgebiet werden in der Regel nur Stahlrohrleitungen für Druckkabelanlagen (Abschnitt 14.3) kathodisch geschützt.

Charakteristisch für diese Schutzart ist, daß dem aufgrund seiner umweltbedingten Potentiallage korrosionsgefährdeten Stahlrohr ein anderes Potential aufgeprägt wird, welches gegenüber dem umgebenden Erdreich so negativ ist, daß keine positiven Ionen aus dem Metall in den Boden eindringen können. Dieses sogenannte *Schutzpotential* muß in einem Bereich liegen, der gemessen gegen eine nicht polarisierende gesättigte Kupfer/Kupfersulfat-Elektrode zwischen −0,85 V und −1,2 V liegt. Diese aus praktischen Erfahrungen resultierenden Grenzwerte stellen sicher, daß nicht nur kein Metallabtrag, sondern auch keine unzulässige Wasserstoffentwicklung stattfindet.

Je nach den örtlichen Verhältnissen sind folgende Anordnungen für den kathodischen Schutz einer Stahlrohrleitung möglich (Bild 7.1):

- *Unmittelbare Ableitung*
  Für den Fall, daß aus benachbarten Anlagen Streuströme auf die zu schützende Anlage übergreifen, werden diese an die nächsten negativen Stellen der streuenden Anlage über eine metallene Verbindung abgeleitet.
- *Gerichtete Ableitung*
  Sind bei den Streuströmen Richtungswechsel zu erwarten, was beim Einfluß elektrischer Bahnen zumeist der Fall ist, erfolgt die Ableitung über ein stromrichtungsabhängiges Ventil oder ein polarisiertes Relais.

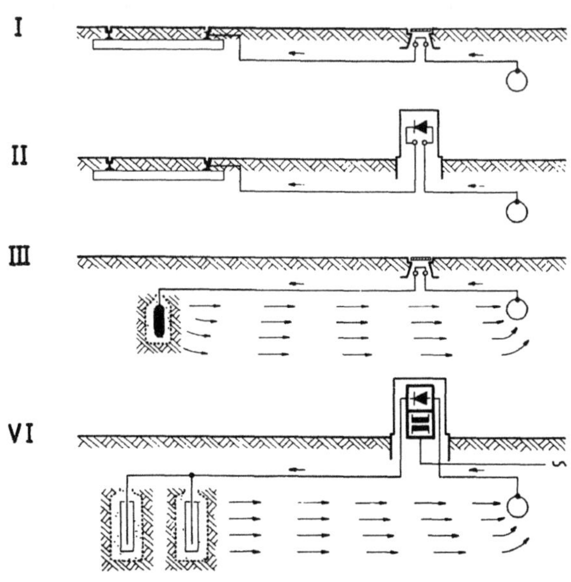


**Bild 7.1**

Anordnungen für den kathodischen Schutz einer Stahlrohrleitung

I unmittelbare Ableitung
II gerichtete Ableitung
III galvanischgespeiste Potentialabsenkung
IV netzgespeiste Potentialabsenkung

- *Galvanisch gespeiste Absenkung*
  Ist kein Streustromeinfluß vorhanden, so kann mit Hilfe von galvanischen Anoden, z.B. aus Magnesium oder Zink, die mit dem Rohr in leitender Verbindung stehen, das erforderliche Schutzpotential erreicht werden. Weitere Voraussetzung für diese Anordnung ist, daß der spezifische Bodenwiderstand $\leqslant 7000\ \Omega \cdot$ cm und der Widerstand der Schutzhülle $\leqslant 10\ \Omega \cdot$ km betragen, weil sonst die Spannung der Anode zur Stahlrohrkathode zu klein ist, um den Schutzstrombedarf der Stahlrohrleitung zu decken.
- *Netzgespeiste Absenkung*
  In allen Fällen, bei denen eine Ableitung keine ausreichende Potentialabsenkung bewirkt und auch galvanische Anoden nicht eingesetzt werden können, ist die Verwendung aus dem Netz fremdgespeister Anoden erforderlich. Diese Schutzart ist einerseits besonders wirkungsvoll, erfordert andererseits aber sehr umsichtiges Vorgehen.

Da Kabelanlagen normalerweise an den zugänglichen Enden geerdet werden müssen, könnten über die ausgedehnten und guten Kontaktflächen solcher Stationserden

- der Rohrleitung erhebliche Schutzstromanteile entzogen werden oder
- Streuströme zugeführt werden oder
- bei einem nahen Bahngleichrichter der Erdübergangswiderstand der Minus-Schiene über die Drainage-Verbindung unzulässig herabgesetzt werden.

Isolierstöße, wie in anderen Rohrversorgungsleitungen üblich, dürfen bei Kabelrohrleitungen nicht angewendet werden, damit deren sehr günstiger Reduktionsfaktor gegen Erdschlußeinfluß auf benachbarte Fernmeldekabel nicht beeinträchtigt wird. Vielmehr sind die Enden der Kabelrohrleitung gegenüber dem geerdeten Endverschlußgerüst zu isolieren. Dieser Isolierung wird eine Spannungssicherung parallel geschaltet, wodurch eine Erdung im Störungsfall hergestellt, im Normalfall aber aufgehoben wird. Tritt unter besonderen Verhältnissen schon ein Ansprechen der Spannungssicherung bei normalen Schaltvorgängen ein, so kann durch weiteres Parallelschalten von entsprechenden Widerständen oder NiCd-Zellen eine dauernde niederohmige Erdung der Rohrleitung unter voller Aufrechterhaltung ihres Schutzpotentials erreicht werden.

## Literatur

*H. K. Müller*, Kathodischer Korrosionsschutz für Kabel in Stahlrohr, F & G-Rdsch. (1967) H. 54, S. 38–46

*K. E. Büscher*, Korrosion, El. Techn. 53 (1971) S. 14–19

*H. W. Lücking*, Korrosionsschutz von Starkstromkabeln, VDE-Vortrag, Frankfurt/Main, 16.1.1971

# 8 Normen und VDE-Bestimmungen

## 8.1 Wesen und Notwendigkeit einer Normungsarbeit

Die beiden größten internationalen Normungsorganisationen

- International Organisation for Standardization (ISO) und
- International Electrotechnical Commission (IEC) werben in einer Broschüre "World Standards for World Progress" mit folgender Definition:

„Normung ist ein Teil des weit in die Geschichte der Menschheit zurückgehenden Bestrebens, Ordnung in das Chaos zu bringen. Ihr Anliegen ist die Formulierung und Anwendung von Regeln für das sinnvolle Ausführen bestimmter Tätigkeiten. In einer immer komplizierter werdenden Welt ist es ihre Aufgabe, die internationale Zusammenarbeit zu vereinfachen, die Handelsbeziehungen zu erleichtern, das Niveau schöpferischer Leistungsfähigkeit anzuheben und folglich den allgemeinen Lebensstandard zu erhöhen."

Im deutschen Vorschriftenwerk liest man es nüchterner:

„Normung ist die planmäßige unter Beteiligung der jeweils interessierten Kreise durchgeführte Tätigkeit zur Vereinheitlichung von materiellen und immateriellen Gegenständen zum Nutzen der Allgemeinheit." Und:

„Die Normung dient einer sinnvollen Ordnung und einer Information aller Kreise über den Stand der Technik auf den jeweiligen Normungsgebieten. Sie erstrebt ein rationelles Arbeiten in Wirtschaft, Technik, Wissenschaft und Verwaltung."

Es ist hier nicht die Stelle, diese Gedanken zu vertiefen. Da aber Normen und Bestimmungen im Sinne von Sicherheitsnormen in der Kabeltechnik eine große Rolle spielen, soll deutlich gemacht werden, daß dies zwei Gründe hat:

- Zum Bau und Betrieb von Kabeln und Leitungen bedarf es zweckmäßiger Konzeptionen, die geeignet sind, selbst bei unsachgemäßer Handhabung Menschen und Sachwerte zu schützen und Unfälle möglichst zu vermeiden.
- Daneben zwingt die außerordentlich große Zahl möglicher Kabeltypen aus wirtschaftlichen Gründen dazu, eine Vereinheitlichung überall dort zu suchen, wo es für Hersteller und Anwender Vorteile hat. In den meisten Fällen ergibt es sich zwanglos, daß technische Vorteile auch die Wirtschaftlichkeit verbessern und umgekehrt wirtschaftliche Überlegungen zu günstigen technischen Lösungen führen. Jede Normungstätigkeit setzt ein hohes Maß an wissenschaftlichem Grundpotential, an technischem Können und an praktischer Erfahrung voraus.

## 8.2 VDE-Vorschriftenwerk

Hier können nur einige Gedanken zusammengestellt werden, die für Kabel und Leitungen relevant sind und allenfalls einige Beziehungen zur Elektrotechnik haben, wo den Gefahren des elektrischen Stromes mit Sicherheitsbestimmungen entgegengewirkt werden muß.

Bald nach seiner Gründung im Jahre 1893 begann der „Verband Deutscher Elektrotechniker e.V." (VDE) bereits mit der Vorschriftenarbeit, wobei von Anfang an die Zielsetzung auf sicherheitstechnischem Gebiet beispielhaft war. Die Ergebnisse dieser Arbeiten, die vielfältige technische, wirtschaftliche und nicht zuletzt alle sicherheitstechnischen Belange berücksichtigen, bilden das sogenannte „VDE-Vorschriftenwerk".

Von besonderer Bedeutung ist sicherlich, daß sich dieses Vorschriftenwerk ohne jede behördliche Einflußnahme durchgesetzt hat. Erstmals im Jahre 1935 finden die VDE-Bestimmungen in § 1 der 2. Durchführungsverordnung zum Energiewirtschaftsgesetz Erwähnung. Darin und in einem ergänzenden Erlaß wird klargestellt, daß die VDE-Bestimmungen als allgemein anerkannte Regeln der Technik gelten. Darüber hinaus sind einzelne VDE-Bestimmungen durch Rechtsverordnung für verbindlich erklärt worden.

## 8.3 „Maschinenschutzgesetz"

Die VDE-Bestimmungen erfassen nicht alle möglichen Sonderfälle, und in Ausnahmefällen können weitergehende Maßnahmen geboten sein, um die Sicherheit zu gewährleisten. Es kann unter Umständen sogar vertretbar sein, von bestimmten Anforderungen in den VDE-Bestimmungen abzugehen, wenn dabei die notwendige Sicherheit gewahrt bleibt.

In dem 1968 in Kraft getretenen „Gesetz über technische Arbeitsmittel", bekannter unter dem Schlagwort „Maschinenschutzgesetz", und einer zu diesem Gesetz 1970 erschienenen allgemeinen Verwaltungsvorschrift ist festgelegt, daß

- bestimmte Normen des „Deutschen Normenausschuß" (DNA),
- die wesentlichsten Bestimmungen des VDE
- und Empfehlungen einiger anderer Organisationen

als allgemein anerkannte Regeln der Technik gelten.

Die Rechtsfolgen sind klar. Wer sich an die Sicherheitsnormen des DNA oder an die VDE-Bestimmungen hält, hat sicherheitstechnisch den allgemein anerkannten Regeln der Technik entsprochen. Ein gesetzlicher Zwang zum Einhalten der vorgenannten Bestimmungen besteht aber nicht. Man kann auch anders bauen oder betreiben. Im Falle eines Schadens oder eines Unfalls ist jedoch derjenige, der von den Bestimmungen abweicht, beweispflichtig, daß seine technischen Vorstellungen den allgemein anerkannten Regeln der Technik mindestens gleichwertig sind. Über die Schwierigkeit einer derartigen Beweisführung dürfte wohl kein Zweifel bestehen.

## 8.4 Normenwerk des DNA

Bis 1970 wurde unabhängig von den Arbeiten, die in den Kommissionen des VDE geleistet wurden und im VDE-Vorschriftenwerk ihren Niederschlag fanden, eine Normung in der Elektrotechnik auch in der Verantwortung des „Fachnormenausschuß Elektrotechnik (FNE) im Deutschen Normenausschuß (DNA)" betrieben. Durch Mitarbeit der Fachleute des VDE in Fachausschüssen des DNA wurde eine Einheitlichkeit des Vorschriften- und Normenwerkes angestrebt.

Die elektrotechnischen *Normen* befassen sich mehr mit den Produkten, d.h. mit Abmessungen, Größenreihen, mechanischer und elektrischer Austauschbarkeit. Diese Fragen werden vielfach aber auch in den VDE-Bestimmungen – und bei Kabel und Leitungen sogar in einem besonderen Ausmaß – abgehandelt, während umgekehrt die jeweils in *VDE-Bestimmungen* neu erarbeiteten Sicherheitserkenntnisse im DNA-Normenwerk mitberücksichtigt werden müssen.

Diese Parallelarbeit in zwei unabhängigen Organisationen erschwerte bei der gegenseitigen Beeinflussung von Vorschriften und Normen die Arbeiten immer mehr, zumal die Anzahl der Normen von Jahr zu Jahr stieg und im Ausland eine solche Zweigleisigkeit nicht üblich ist. Die Mitarbeit in internationalen Gremien durch eine einheitliche Repräsentanz deutscher Normen und Vorschriften und eine entscheidende, frühzeitige Einbringung deutscher Vorschläge wurde dadurch sehr erschwert.

### 8.5 Deutsche Elektrotechnische Kommission

Nach langjähriger Vorarbeit wurde deshalb durch Vertrag zwischen dem DNA und dem VDE vom 13.10.1970 beim VDE die „Deutsche Elektrotechnische Kommission“ (DKE) als gemeinsames Organ des DNA und des VDE gegründet. Sie übernahm die gesamte deutsche elektrotechnische Normungs- und Vorschriftenarbeit. Durch entsprechende Zielsetzung und Organisationsformen werden der Berücksichtigung der internationalen Zusammenhänge und der Anpassung an die Anforderungen des internationalen Wettbewerbs besondere Aufmerksamkeit geschenkt. Die nationale Tätigkeit soll mehr und mehr als Vorarbeit für die internationalen Normungsarbeiten gelten. Die Ergebnisse der Kommission werden in DIN-Normen niedergelegt, die als Deutsche Normen in das Deutsche Normenwerk des DNA und, soweit zutreffend, gleichzeitig als VDE-Bestimmungen in das VDE-Vorschriftenwerk aufgenommen werden.
Die eigentliche Arbeit wird in den

- Komitees (K)
- Unterkomitees (UK) und
- Arbeitskreisen (AK)

von acht Fachbereichen geleistet.
Der „Fachbereich 4: Betriebsmittel der Stromverteilung, Nachrichtenkabel“ befaßt sich mit allen Kabel- und Leitungsfragen als sogenanntes Sachgebiet 41 und außerdem auch noch mit Freileitungen, Schaltgeräten, Isolatoren und Wandlern. Das hier interessierende *Komitee 411* „Starkstromkabel und isolierte Starkstromleitungen“ gliedert sich in drei Unterkomitees

- UK 411.1 „Starkstromkabel“
- UK 411.2 „Isolierte Starkstromleitungen“
- UK 411.3 „Garnituren und Verbinder für Starkstromkabel“.

Soweit Sicherheitsbestimmungen beraten werden, liegen häufig physikalische Tatsachen zugrunde, so daß eine einheitliche Meinung schnell zu finden ist, obwohl auch hier erhebliche Probleme bei Anpassung an internationale Sicherheitsbestimmungen vorliegen können. Schwieriger ist die Einigung bei der Normung von Abmessungen und Festlegung neuer Systeme, da hier die Interessen der Mitglieder der Arbeitsgremien häufig infolge der möglichen wirtschaftlichen Auswirkungen von Beschlüssen naturgemäß kollidieren. Am Ende läuft die Arbeit dann auf einen Kompromiß hinaus, der durch eine Übergangsfrist den nachteilig Betroffenen die Zustimmung erleichtert. Manchmal ist es daher besser, Probleme so rechtzeitig aufzugreifen, daß ein Kompromiß den Beteiligten keine Schwierigkeiten bereitet. Dabei muß dann allerdings sichergestellt sein, daß die Normung dem Sachgebiet keine entwicklungshemmenden Fesseln anlegt.

### 8.6 Internationale Elektrotechnische Kommission

Im Jahre 1906 wurde mit Sitz der Hauptverwaltung in Genf die „International Electrotechnical Commission" (IEC) gegründet. Alle bedeutenden Länder (zur Zeit zwischen 40 und 50) zählen zu ihren Mitgliedern und können ihre Delegationen in den Rat und die 60 Technischen Komitees entsenden.

Für Energiekabel und -leitungen ist das *TC 20* mit seinen Sub-Committees 20 A „Hochspannungskabel" und 20 B „Niederspannungskabel und -leitungen" zuständig. Zur Erledigung von Sonderfragen, die sich wirkungsvoller im kleinen Kreis behandeln lassen, können die TC's Working Groups einsetzen.

Die Arbeiten der Technischen Komitees werden von einem Aktionskomitee koordiniert, das dem „Rat der IEC", dem Verwaltungs- und Repräsentationsaufgaben obliegen, zur Seite steht. Dieses Aktionskomitee entscheidet über die Aufnahme neuer Arbeitsgebiete und über die Zulassung abgeschlossener Arbeiten zum Genehmigungsverfahren. Erst wenn eine bestimmte Mehrheit der nationalen IEC-Komitees unter der Sechs-Monats-Regel bzw. im Zwei-Monats-Verfahren den Arbeitsergebnissen eines TC's zugestimmt hat, werden sie zur Veröffentlichung als IEC-Publikation freigegeben.

Zwei Arten von IEC-Publikationen müssen unterschieden werden:

- *IEC-Recommendations* stellen zwar nur „Empfehlungen" dar, von denen nationale Vorschriften und Bestimmungen abweichen können. Die Arbeiten des DKE unterliegen aber einem Grundsatzbeschluß, daß – wo immer möglich – die IEC-Empfehlungen übernommen werden, da sie als Basisdokumente für die Europäische Normung gelten.
- *IEC-Papers* enthalten wichtige Arbeitsergebnisse, die aber nicht so aufgearbeitet und verdichtet werden konnten, daß die notwendige Mehrheit sie als Vorschriften-Entwurf akzeptieren wollte.

### 8.7 Europäische Elektrotechnische Kommissionen

Erklärtes Ziel der EWG-Verträge von Rom 1957 ist es, die Beseitigung der „Handelshemmnisse aufgrund technischer Festlegungen" anzustreben. In Konsequenz dessen haben sich die nationalen elektrotechnischen Komitees freiwillig und unabhängig von den nationalen Regierungen oder der Brüsseler Behörde zusammengeschlossen, um eine Harmonisierung ihrer von einer Normen- oder Vorschriftenorganisation herausgegebenen technischen Schriftstücke voranzutreiben.

Zunächst gründeten die nationalen Verbände der EWG-Staaten das Comité Européen de Coordination des Normes Electriques des Pays de la Communaute Economique Européene (CENELCOM), d.i. Europäisches Komitee für die Koordinierung elektrotechnischer Normen und Vorschriften der Länder der Europäischen Wirtschaftsgemeinschaft.

Nach Erweiterung der Europäischen Wirtschaftsgemeinschaft (EWG) zur Europäischen Gemeinschaft (EG) am 1.1.1973 durch den Beitritt von Großbritannien, Irland und Dänemark wurde aus CENELCOM das Comité Européen de Coordination des Normes Electrotechniques (*CENELEC*), d.i. Europäisches Komitee für die Koordinierung elektrotechnischer Normen und Vorschriften.

Ein Zusammenschluß der nationalen elektrotechnischen Komitees der EG-Mitgliedsländer und der EFTA-Länder ist das Comité Européen de Coordination des Normes Electriques (*CENEL*), d.i. Europäisches Komitee für die Koordinierung elektrischer Normen und Vorschriften.

Für die heutige Normen- und Vorschriftenarbeit hat CENELEC ein bedeutendes Gewicht gewonnen, wenngleich der Interessenausgleich in diesem Gremium oft auf große Schwierigkeiten stößt. Ein Technisches Komitee von CENELEC (zuständig für Kabel und Leitungen ist TC 20) kann

- selbständige Europäische Normen (EN) verabschieden und
- Harmonisierungsdokumente (HD) veröffentlichen, die unverändert oder durch Übernahme des sachlichen Inhalts in die nationalen Normen aufgenommen werden müssen.

Ein *Lenkungsausschuß* legt das Basisdokument für die Aufnahme zur Bearbeitung eines bestimmten Sachgebietes fest. Dieses Dokument soll vorzugsweise eine IEC-Empfehlung sein. Werden aber vorhandene Dokumente für diesen Zweck als ungeeignet angesehen, kann es auch

- ein anderer internationaler Entwurf,
- eine nationale Norm oder
- eine Gemeinschaftsarbeit von Hersteller- und Verbraucher-Organisationen eines Mitgliedlandes sein.

Nach Verabschiedung eines CENELEC-Dokumentes ziehen die nationalen Komitees alle notwendigen Konsequenzen in Hinblick auf ihr Vorschriften- und Normenwerk. Das neue CENELEC-Dokument wird außerdem den Technischen Komitees der CENEL-Länder übermittelt und Abweichungen von IEC-Empfehlungen dem IEC-Sekretariat in Genf mitgeteilt.

Zu den CENELEC-Aufgaben gehört es auch, *Prüfzeichen* zu schaffen, durch die die Übereinstimmung mit einer Europäischen Norm oder einer harmonisierten Norm nachgewiesen wird. Dazu dient ein alphanumerisches Typenkurzzeichen-System, das als VDE 0292 seit 1975 in Kraft ist. Die nationalen Prüfstellen erteilen die Berechtigung zur Verwendung dieser Kennzeichnung und des Zeichens > HAR < bzw. eines schwarz /rot/ gelben Kennfadens.

## 8.8 CIGRE

Da auch die Vereinheitlichung von Prüfbedingungen eine Normungsaufgabe ist, muß der Vollständigkeit halber auch noch auf die CIGRE verwiesen werden, in deren Arbeitsgruppen wichtige Grundsatzarbeiten für IEC geleistet werden.

Die eigentliche Aufgabe der Conférence International des Grands Réseaux Electriques à Haute Tension ist es, den Austausch des technischen Wissens auf dem Gebiet Elektrizitätserzeugung und -verteilung auf internationaler Ebene zu erleichtern und zu fördern. Die CIGRE wurde 1901 durch ein französisches Gesetz als Institution privaten Rechts gegründet und hat ihren Sitz in Paris. Dort findet alle zwei Jahre eine zehntägige „Session" statt, die größte und interessanteste Börse für Elektrotechniker, auf der neben neuen Erkenntnissen auch Tendenzen und Gerüchte von rund 3000 Teilnehmern gehandelt werden.

Die eigentliche Arbeit wird in den Studien-Komitees geleistet. Für Kabel – und nach der Definition der CIGRE sind hierunter nur solche für Nennspannungen ab 60 kV zu verstehen – ist das *SC 21* zuständig. Es tritt jährlich zusammen und koordiniert die Arbeiten eines Dutzend von Arbeitsgruppen.

## 8.9 Gültige kabeltechnische Normen und Bestimmungen

Eine Europäische Norm für Energiekabel oder -leitungen liegt bisher noch nicht vor; es existieren aber zwei Harmonisierungsdokumente:

- HD 21: Polyvinylchlorid insulated cables and flexible cords of rated voltages $U_0/U$ up to and including 450/750 Volt
- HD 22: Rubber insulated cables and flexible cords of rated voltages $U_0/U$ up to and including 450/750 Volt

Als wichtigste VDE-Bestimmungen, in denen Angaben über den Aufbau für Energiekabel und -leitungen gemacht sind, seien folgende genannt:

| | |
|---|---|
| VDE 0250 | Bestimmungen für isolierte Starkstromleitungen |
| VDE 0255 | Bestimmungen für Kabel mit massegetränkter Papierisolierung und Metallmantel für Starkstromanlagen (ausgenommen Gasdruck- und Ölkabel) |
| VDE 0256 | Bestimmungen für Niederdruck-Ölkabel und ihre Garnituren für Wechsel- und Drehstromanlagen mit Nennspannungen bis 275 kV |
| VDE 0257 | Bestimmungen für Gasaußendruckkabel im Stahlrohr und ihre Garnituren für Wechsel- und Drehstromanlagen mit Nennspannungen bis 275 kV |
| VDE 0258 | Bestimmungen für Gasinnendruckkabel und ihre Garnituren für Wechsel- und Drehstromanlagen mit Nennspannungen bis 275 kV |
| VDE 0265 = DIN 57 265 | VDE-Bestimmungen für Kabel mit Kunststoffisolierung und Bleimantel für Starkstromanlagen |
| VDE 0271 | Bestimmungen für Kabel mit Isolierung und Mantel aus Kunststoff auf der Basis von Polyvinylchlorid für Starkstromanlagen |
| VDE 0272 = DIN 57 272 | Kabel mit Isolierung aus vernetztem Polyäthylen für Nennspannungen $U_0/U$ 0,6/1 kV (VDE-Bestimmung) |
| VDE 0273 = DIN 57 273 | Kabel mit Isolierung aus thermoplastischem oder vernetztem Polyäthylen für Nennspannungen $U_0/U$ 6/10, 12/20 und 18/30 kV (VDE-Bestimmung) |
| VDE 0281 = DIN 57 281 | VDE-Bestimmung für Starkstromleitungen mit einer Isolierung aus thermoplastischem Kunststoff auf der Basis von PVC |
| VDE 0282 = DIN 57 282 | VDE-Bestimmung für Starkstromleitungen mit einer Isolierung aus Gummi |

### Literatur

*K. Brinkmann, R. Leber* und *G. Niehage*, Elektrotechnik und Sicherheit – Die Arbeit der Deutschen Elektrotechnischen Kommission, ETZ-A 93 (1972) S. 687–692

*H. Imping*, Vorschriften und Normen im Dienst der Harmonisierung und des weltweiten Fortschrittes, Vortrag-Manuskript Köln, 14.1.1974

Vorläufige Richtlinien für den Geschäftsgang und die Arbeitsweise der DKE-Anlage 1 „Harmonisierung", Berlin 1976

# 9 Konstruktionen von Nieder- und Mittelspannungskabeln

## 9.1 Aufbau einer VDE-Bestimmung

Das Normenwerk der Deutschen Elektrotechnischen Kommission kennt sechs Arten von Normen:

- Abmessungsnormen,
- Güte- und Stoffnormen,
- Liefernormen,
- Prüfnormen,
- Begriffsnormen und
- Sicherheitsnormen.

Die als VDE-Bestimmungen gekennzeichneten Normen sind vorwiegend Sicherheitsnormen. Deshalb müssen Bestimmungen für Energiekabel und -leitungen in jedem Fall folgende Angaben enthalten, durch die sich dann die für VDE-Bestimmungen typische Gliederung in vier Abschnitte ergibt:

- Der *Geltungsbereich* muß zeitlich und sachlich klar umrissen sein.
- Alle verwendeten *Begriffe* müssen eindeutig definiert werden.
- Die *Anforderungen*, durch die festgelegt wird, was als „sicher", d.h. als „VDE-gemäß" gelten soll, müssen qualitativ und gegebenenfalls quantitativ vorgegeben werden. Bei Kabeln und Leitungen sind dies Anforderungen an den Aufbau, aber auch an die Kennzeichnung, um die verschiedenen Bauarten eindeutig verwenden zu können.
- Zur Erreichung des Sicherheitszieles ist es unerläßlich, daß den aufgestellten Anforderungen auch *Prüfungen* gegenüberstehen, die erkennen lassen, ob die jeweiligen Anforderungen ordnungsgemäß erfüllt sind.

## 9.2 Starkstromleitungen

Im Unterschied zu Kabeln sind Leitungen nach VDE nicht für eine Verlegung im Erdreich vorgesehen. Diese Unterscheidung ist in ausländischen Vorschriften weitgehend unbekannt, erlaubt aber ggf. bei Leitungen nach VDE eine leichtere Ausführung als bei vergleichbaren Kabeln für dieselbe Nennspannung. Für den Aufbau von Leitungen ist es wesentlich, ob diese für eine feste Verlegung oder zum Anschluß ortsveränderlicher Stromverbraucher dienen sollen.

Die *VDE*-Bestimmungen *0281* und *0282* erfassen die PVC- bzw. die gummiisolierten Leitungen für Nennspannungen $U_0/U$ bis zu 450/750 Volt, wie sie eine Anwendung finden in zahlreichen Ausführungen von der „leichten Zwillingsleitung" zum Anschluß leichter Handgeräte, wie z.B. Elektrorasierer, bis zur schweren Gummischlauchleitung für Geräte in gewerblichen oder landwirtschaftlichen Betrieben, die ggf. auch transportabel sein können.

In *VDE 0250* sind alle Leitungen für Nennspannungen U von 1 kV bis zu 35 kV erfaßt, deren schwerste Ausführungen als „Schwere Gummischlauchleitung BUT" oder als „Leitungstrosse" noch bei hohen bzw. sehr hohen mechanischen Beanspruchungen in trockenen und feuchten Räumen, im Freien, sowie im Bergbau zum Anschluß ortsveränderlicher Stromverbraucher geeignet sind.

Auf die konstruktiven Ausführungen der zahlreichen Leitungstypen kann hier ebensowenig eingegangen werden, wie auf alle Anwendungsfälle. Hervorgehoben sei jedoch noch einmal, daß Leitungen keinesfalls für eine Verlegung im Erdreich vorgesehen sind.

### 9.3 Massekabel nach VDE 0255

Als Massekabel werden die Kabel bezeichnet, die eine massegetränkte *Papierisolierung* und einen Metallmantel haben. Sie sind zulässig in Bauarten mit Nennspannungen $U_0/U$ bis höchstens 17,3/30 kV. Massekabel können also im Nieder- und im Mittelspannungsnetz verwendet werden, und zwar für feste Legung in Innenräumen, im Freien, in Erde und in Wasser.

Massekabel können einadrig und mehradrig ausgeführt werden. Die mehradrigen Konstruktionen werden unterteilt in:

- Gürtelkabel,
- H-(Höchstädter-)Kabel und
- Mehrmantelkabel.

Bei den ältesten und für Nennspannungen U bis zu 10 kV auch heute noch verwendeten *Gürtelkabeln* erhalten die einzeln isolierten und miteinander verseilten Leiter eine gemeinsame „Gürtelisolierung" aus Papierbändern. Bei einem Leiterquerschnitt von 150 $mm^2$ beträgt

- bei 1 kV-Kabeln die L/L-Isolierung 2,2 mm und die L/M-Isolierung 1,7 mm und
- bei 10 kV-Kabeln die L/L-Isolierung 6,4 mm und die L/M-Isolierung 3,7 mm.

Elektrisch hochwertiger sind Kabel, bei denen die Einzeladern eine verstärkte Isolierung erhalten und mit Metallhüllen umgeben werden, die auf Nullpotential gehalten und unter sich und mit dem Metallmantel leitend verbunden werden. In der Regel wird dazu das äußere Papierband mit einer Aluminiumfolie kaschiert. Dieses sogenannte Höchstädter-Papier ist perforiert, um den Trocken- und Tränkvorgang nicht zu verhindern. Eingesetzt werden aber auch Kabelpapiere, die durch Rußzusatz leitend gemacht worden sind. Bis zu 10 % ihres Sollwertes darf eine Isolierung aus leitfähigen Schichten bestehen, die einer Steuerung oder Begrenzung des elektrischen Feldes dienen. Wiederum bei einem Leiterquerschnitt von 150 $mm^2$ betragen die Isolierungsdicken von solchen *Radialfeld-Kabeln*

- bei 1 kV-Kabeln 1,7 mm,
- bei 10 kV-Kabeln 3,2 mm und
- bei 30 kV-Kabeln 7,5 mm.

Zum Abschluß der feuchteempfindlichen Isolierung von Massekabeln dienen nahtlos gepreßte *Blei- oder Aluminiummäntel*.

H-Kabel haben einen gemeinsamen Metallmantel um alle Adern; die heute meist verwendeten Mehrmantelkabel haben um jede einzelne Ader einen Metallmantel entsprechend geringerer Wandstärke.

Vor allem bei Bleimantel-Kabeln dient zum Schutz gegen mechanische Schäden eine *Bewehrung*. Bei Mehrbleimantelkabeln ist eine solche zwingend vorgeschrieben. Am häufigsten ist eine Stahlbandbewehrung, bestehend aus zwei überlappt gewickelten, mit Bitumenmasse überzogenen Stahlbändern, die zweckmäßig so aufgelegt werden, daß der Kabelquerschnitt etwa dreieckförmig wird.

Daneben sind für größere Zugbeanspruchungen auch Bewehrungen aus Stahldrähten üblich, wobei je nach Beanspruchung Flach-, Rund- oder Z-Drähte gewählt werden. Ein Aufkorben der Drahtbewehrung muß durch eine Haltewendel verhindert werden.
Die Ausführung der *Schutzhüllen*, sei es als innere Schutzhülle unter der Bewehrung oder als äußere Schutzhülle über der Bewehrung ist bereits in Abschnitt 7.4 eingehend dargelegt worden.

## 9.4 PVC-Kabel nach VDE 0271

1969 hatte sich PVC als Kabelisolierung gegenüber Gummi und Polyäthylen so weitgehend durchgesetzt, daß sich die *VDE*-Bestimmung *0271* auf weichgemachtes PVC als Isolierstoff beschränkte. Mit einem PVC-Außenmantel dürfen diese Kabel für Nennspannungen $U_0/U$ bis zu 5,8/10 kV in Innenräumen, im Freien, in Erde und in Wasser verlegt werden. Sonderkonstruktionen für 0,6/1 kV nach *VDE 0265* mit Bleimantel, die auch noch verlegt werden können, wenn die Gefahr der Einwirkung von Lösungsmitteln und Treibstoffen besteht, sollen hier nicht behandelt werden.
In mehradrigen Kabeln müssen die einzelnen, PVC-isolierten Adern verseilt sein und eine gemeinsame – gepreßte oder gewickelte – Aderumhüllung haben. Kabel für $U_0/U$ = 5,8/10 kV müssen

- eine *innere Leitschicht* über dem Leiter und
- eine *äußere Leitschicht* über der Isolierung haben. Sie kann z.B. durch eine Graphitierung erreicht werden.

Bei einem Leiterquerschnitt von 150 mm² beträgt die Isolierungswanddicke bei 1 kV-Kabeln 1,8 mm und bei 10 kV-Kabeln 4,0 mm.
Kabel für $U_0/U$ über 0,6/1 kV müssen einen *Schirm* haben, der zur Potentialsteuerung, als geerdeter Berührungsschutz oder zur Fortleitung von Ableit- oder Erdschlußströmen verwendet wird. Zu unterscheiden sind zwei Bauarten:

- Einmal gibt es die einzeln geschirmten Adern, wobei der Schirm immer aus Kupferdrähten oder -bändern bestehen muß. Der gesamte Schirmquerschnitt des Kabels muß bei mehradrigen Kabeln etwa gleichmäßig auf die einzelnen Adern aufgeteilt werden. Die Einzelschirme müssen metallenen Kontakt miteinander haben.
- Bei der zweiten Bauart darf bei mehradrigen Kabeln ein gemeinsamer Schirm aus Kupfer oder aus einer Stahldrahtbewehrung aufgebaut sein. Bei Kabeln mit äußerer Leitschicht über der Isolierung muß dann die gesamte gemeinsame Aderumhüllung leitfähig sein.

Der Querschnitt von Schirmen – als geometrischer Querschnitt ermittelt – darf folgende Werte nicht unterschreiten:

- 16 mm² bei Querschnitten des Außenleiters von 25 ... 120 mm²
- 25 mm² bei Querschnitten des Außenleiters von 150 ... 300 mm²
- 35 mm² bei einem Außenleiter von 400 mm².

Gleichzeitig als Schirm dürfen konzentrische Leiter dienen, deren Querschnitt in der Regel dem Querschnitt des Außenleiters gleich ist. Ein *konzentrischer Leiter* muß immer aus Kupferdrähten mit ein oder zwei Querleitwendeln aus Kupfer bestehen und

- bei einadrigen Kabeln über der Isolierung und
- bei mehradrigen Kabeln mit $U_0$ = 0,6 kV über der gemeinsamen Aderumhüllung liegen.

Im Niederspannungsnetz darf er als Mittel-, Schutz- oder Nulleiter verwendet werden.

Haben die Kabel mit gemeinsamen Schirm oder konzentrischem Leiter oder auch Einzelabschirmung eine zusätzliche Bewehrung, so ist dazwischen eine umpreßte *innere Schutzhülle* aus PVC aufzubringen. Die *Bewehrung* kann aus Stahlflach- oder Stahlrunddrähten mit einer Haltewendel bestehen. Darüber folgt dann der PVC-Außenmantel.

## 9.5 PE- und VPE-Kabel nach VDE 0273

In den letzten Jahren haben Mittelspannungskabel mit einer Isolierung aus thermoplastischem oder vernetztem Polyäthylen mit einem Schirm aus Kupfer und einem Außenmantel aus Kunststoff auf PVC-Basis mehr und mehr an Bedeutung gewonnen. Es wurden deshalb 1978 in VDE 0273 die Bestimmungen festgelegt, die für solche Kabel gelten. Bei der Festlegung der zulässigen Bauarten wurden die heute in Deutschland üblichen und eingesetzten Typen weitgehend berücksichtigt. So sind einadrige Kabel zur Verwendung in 10 kV-, 20 kV- oder 30 kV-Netzen, dreiadrige Kabel dagegen nur für 10 kV-Netze vorgesehen.

Die *Aderisolierung* besteht aus

- einer inneren Leitschicht auf dem Leiter,
- einer Isolierung aus thermoplastischem oder vernetztem Polyäthylen mit Wanddicken von 3,4 mm, 5,5 mm bzw. 8,0 mm für Nennspannungen U von 10 kV, 20 kV oder 30 kV und
- einer darüber liegenden äußeren Leitschicht.

Die innere Leitschicht muß extrudiert und mit der Isolierung „dielektrisch verschweißt" sein. Die äußere Leitschicht kann

- entweder extrudiert sein, ggf. in Verbindung mit darüberliegenden leitfähigen Bändern,
- oder in Form eines leitenden Lack- oder Graphitauftrages in Verbindung mit darüberliegenden, den Auftrag vollständig deckenden leitfähigen Bändern aufgebracht sein.

Die Ausführungen eines *Schirmes* zur Potentialsteuerung, als geerdeter Berührungsschutz oder zur Fortleitung von Ableit- oder Fehlerströmen sind in VDE 0271 niedergelegt, also denen bei PVC-Kabeln gleich.

Der *Schirm* muß aus Kupfer sein. Bei einadrigen Kabeln und bei dreiadrigen Kabeln mit einzeln geschirmten Adern muß er unmittelbar auf der äußeren Leitschicht aufliegen.

Bei dreiadrigen Kabeln mit gemeinsamen Schirm muß er unmittelbar auf der gemeinsamen Aderumhüllung aufgebracht sein. Diese gemeinsame Aderumhüllung muß dann aus gewickelten leitfähigen Bändern bestehen. Zwickelfüllungen, die auch leitfähig sein können, dürfen eingebracht werden.

Als *Außenmantel* haben Kabel nach VDE 0273 einen roten PVC-Mantel, der bei VPE-Kabeln größeren Ansprüchen an die Wärmebeständigkeit unterliegt als bei PE-Kabeln. Vorgeschrieben ist bei VPE-Kabeln die PVC-Mischung YM 5 nach VDE 0207 und bei PE-Kabeln die PVC-Mischung YM 3 nach VDE 0207.

## 9.6 VPE-Niederspannungskabel nach VDE 0272 Entwurf

Erfahrungen im Ausland mit VPE-isolierten Kabeln, die thermisch weniger empfindlich als Masse- oder PVC-Kabel sind, führten 1977 zu einem Norm-Entwurf für Niederspan-

nungskabel mit einer Isolierung aus vernetztem Polyäthylen. Mit einer Veröffentlichung als VDE-Bestimmung ist 1980/81 zu rechnen.
Als zulässige Bauarten gelten

- ein- und vieradrige Kabel ohne konzentrischen Leiter sowie
- dreiadrige Kabel mit konzentrischem Leiter.

Als Leiterwerkstoff wurde zunächst nur Aluminium vorgesehen, mit Ausnahme bei konzentrischen Leitern, die wie bei PVC-Kabeln grundsätzlich in Kupfer auszuführen sind. Diese Einschränkung war notwendig, da noch keine Methode bekannt ist, um die *Wechselwirkung Kupfer/VPE* zu prüfen und in ihrer Auswirkung zu beurteilen.
In mehradrigen Kabeln müssen die isolierten Leiter verseilt sein und muß über den verseilten Adern eine gemeinsame Aderumhüllung aus einer umpreßten Füllmischung vorhanden sein. Natürlich muß diese für die zulässige Betriebstemperatur der Kabel geeignet und mit der Kabelisolierung und dem Kabelmantel verträglich sein.
Der Mantel dieser Kabel besteht aus PVC der wärmebeständigen Type YM 5 nach VDE 0207, da für VPE-Kabel eine *Leitertemperatur* von *90 °C* als zulässig gilt und der Wärmeabfall über der Isolierung, die bei einem Leiterquerschnitt von 150 mm$^2$ nur 1,4 mm beträgt, gering ist. Wie bei Niederspannungskabeln vorgeschrieben, müssen alle Außenmäntel durchgehend schwarz gefärbt sein.

Bei einer Beschädigung des Außenmantels muß das Eindringen von Wasser längs der Kabeladern bis zu den Muffen verhindert werden. Im Sinne einer Labyrinthdichtung wird dies erreicht, indem

- in die Außenzwickel die gemeinsame Aderumhüllung unter Druck extrudiert wird und
- in den Herzzwickel eine gut verformbare Trense eingelegt wird.

Ist diese Herztrense elastisch, so kann sie bei der Muffenmontage nach einer Dehnung in das Kabelinnere zurückschnellen: Durch einen Gießharzstopfen wird die Muffe dann zuverlässig abgedichtet.

## 9.7 Kenn- und Kurzzeichen

Kabel nach diesen VDE-Bestimmungen 0255, 0271, 0272, 0273 müssen den Hersteller erkennen lassen:

- Bei Papierkabeln dient dazu ein Papierkennstreifen mit sich wiederholendem Firmenzeichen.
- Bei kunststoffisolierten Kabeln wird dazu ein dem Hersteller als Warenzeichen geschützter Firmenkennfaden eingelegt, oder meistens auf den PVC-Außenmantel das Firmenzeichen eingeprägt.

Auf Antrag erteilt die VDE-Prüfstelle gemäß ihrer Prüfordnung für Kabel, die den Bestimmungen entsprechen, die Berechtigung zum Einlegen des einfädigen schwarz-rot bedruckten VDE-Kennfadens oder zum Aufdruck „VDE 0255" auf den Papierkennstreifen bzw. zur Aufprägung „VDE 0271" oder „VDE 0272" oder „VDE 0273" auf den Außenmantel.
In mehradrigen Kabeln für $U_0/U = 0{,}6/1$ kV sind die einzelnen Adern durch unterscheidbare Farben nach einem bestimmten Schema zu kennzeichnen. Bei Papierkabeln ist ersatzweise auch das Aufdrucken von Zahlen auf dem äußeren Isolierpapier zulässig. Bei höheren Spannungen bleiben die Isolierungen naturfarbig.

Zur eindeutigen Bezeichnung von Energiekabeln dient eine Hintereinanderreihung folgender Angaben:

- Buchstabenkurzzeichen entsprechend der Bauart,
- Aderzahl mal Nennquerschnitt in $mm^2$,
- Kurzzeichen für Leiterart und -form,
- ggf. Nennquerschnitt des Schirmes oder des konzentrischen Leiters in $mm^2$,
- Nennspannungen in kV.

Die *Buchstabenkurzzeichen* ergeben sich in der Weise, daß an den Anfangsbuchstaben „N" in der Reihenfolge des Aufbaus vom Leiter aus für einzelne wesentliche Aufbauelemente kennzeichnende Buchstaben angefügt werden.
Das Bezeichnungssystem sei an einigen Beispielen erläutert:

- NKBA-J 3 X 95/50 sm 0,6/1 kV
  Vieradriges Gürtelkabel mit Bleimantel (K),
  innere Schutzhülle (–),
  Stahlbandbewehrung (B),
  äußere Schutzhülle aus Faserstoffen (A),
  mit drei mehrdrähtigen (m) Sektorleitern (s) aus Kupfer (–) und einem Querschnitt von 95 $mm^2$
  und einer grüngelb gekennzeichneten Ader (–J) mit einem Leiterquerschnitt von 50 $mm^2$.
- NAKLEY 3 X 70 sm 0,6/1 kV
  Dreiadriges Gürtelkabel mit glattem Aluminiummantel (KL),
  Schutzhülle aus plastischer Masse mit eingebetteter Schicht aus Kunststoffolien (E),
  einem Außenmantel aus thermoplastischem Kunststoff auf PVC-Basis (Y),
  mit drei mehrdrähtigen (m) Sektorleitern (s) aus Aluminium (A) und einem Querschnitt von 70 $mm^2$.
- NHKRA 3 X 95 rm 11,6/20 kV
  Dreiadriges H-Kabel mit einer Abschirmung der einzelnen Adern mit metallisiertem Papier (H),
  über den verseilten Adern metalldurchwirktes Band (–),
  Bleimantel (K),
  innere Schutzhülle (–),
  Stahlrunddrahtbewehrung (R),
  äußere Schutzhülle aus Faserstoffen (A).
- NEKFA 3 X 120 rm 11,6/20 kV
  Dreimantelkabel mit einzeln geschirmten (E) und einzeln bleiummantelten (K) Adern,
  innere Schutzhülle (–),
  Stahlflachdrahtbewehrung (F),
  äußere Schutzhülle aus Faserstoffen (A).
- NAEKBA 3 X 300 rm 17,3/30 kV
  Dreimantelkabel wie vorstehend, jedoch mit Aluminiumleitern und Bandbewehrung.
- NAYY-J 4 X 70 sm 0,6/1 kV
  Vieradriges Aluminiumleiter (A)-Kabel mit PVC-Isolierung (Y)

und PVC-Außenmantel (Y).
Eine Ader ist grüngelb gekennzeichnet (–J).

- NYCWY 3 × 120 sm/70 0,6/1 kV
  Dreiadriges Kabel mit PVC-isolierten (Y) Kupferleitern (–),
  konzentrischem (C), wellenförmig (W) aufgebrachtem Leiter von 70 mm² Nennquerschnitt,
  PVC-Außenmantel (Y).
- NYFGbY 3 × 70 sm 3,5/6 kV
  Dreiadriges Kupferleiterkabel (–) mit PVC-Isolierung (Y),
  Stahlflachdrahtbewehrung (F) mit einem Nennquerschnitt entsprechend mindestens 6 mm² Cu,
  Bandwendel (Gb),
  PVC-Außenmantel (Y).
- NYSEY 3 × 70/6 5,8/10 kV
  Dreiadriges Kupferleiterkabel (–) mit PVC-Isolierung (Y),
  feldbegrenzende leitfähige Schichten über jedem Leiter (–),
  ebenso über jeder Ader eine solche Schicht und ein Kupferschirm von 2 mm² Nennquerschnitt (SE),
  PVC-Außenmantel (Y).

Die in VDE 0273 enthaltenen Konstruktionen lassen sich mit folgenden Buchstaben beschreiben:

N Normtyp entsprechend den Bestimmungen,
A Leiter aus Aluminium,
2Y Isolierung aus thermoplastischem Polyäthylen,
2X Isolierung aus vernetztem Polyäthylen,
S Schirm aus Kupfer,
SE bei dreiadrigen Kabeln Kupferschirm über jeder einzelnen Ader,
Y PVC-Außenmantel.

## 9.8 Prüfungen

Die Nomenklatur hinsichtlich der Prüfarten ist für die Kabel nach den VDE-Bestimmungen 0255, 0271, 0272 und 0273 nicht einheitlich. Die neueren dieser Bestimmungen, VDE 0272 und VDE 0273, lehnen sich eng an die IEC-Definitionen an, wonach drei Prüfarten zu unterscheiden sind, und zwar

- Stückprüfungen als Prüfungen, die an jeder Fertigungslänge durchzuführen sind,
- Auswahlprüfungen als Prüfungen, die an Probestücken von Fertigungslängen oder Teilen davon durchzuführen sind, wobei die Anzahl der Proben oder Teile vom Fertigungs- oder Lieferumfang abhängt, und
- Typprüfungen als Prüfungen zur Feststellung, ob die Kabel allen Anforderungen der Bestimmung entsprechen.

Sachlich lassen sich die Abnahmeprüfungen unterteilen in

- Prüfungen des Aufbaus der Kabel,
- Prüfungen der elektrischen Eigenschaften der Kabel und
- Prüfungen des mechanischen und thermischen Verhaltens der Kabel.

Diese Unterteilung entspricht auch der Gliederung der VDE-Bestimmung 0472, in der alle Prüfverfahren für Kabel und isolierte Leitungen zusammengefaßt sind. Die Anforderungen, die an die Kabel oder Leitungen zu stellen sind, finden sich dagegen in den betreffenden Kabelbestimmungen.

*Stückprüfungen* umfassen in jedem Fall zum Nachweis einer einwandfreien Fertigung

- die Messung des Leiterwiderstandes und
- eine Spannungsprüfung mit etwa 2,5 $U_0$ während höchstens 15 min

und bei den gegenüber Glimmentladungen sehr empfindlichen PE- und VPE-isolierten Kabeln zusätzlich noch

- eine Teilentladungsmessung bei 2 $U_0$, wobei die Teilentladungsintensität nicht mehr als 5 pC betragen darf.

Durch *Auswahlprüfungen* soll die Übereinstimmung des Kabelaufbaus mit den Anforderungen der VDE-Bestimmungen überprüft werden. Zu den Auswahlprüfungen zählen:

- Kontrolle der Leitermaße,
- Messung der Isolierwandstärke,
- Messung der Manteldicke und der Schutzhüllenmaße,
- Messung des Nennquerschnitts und des spezifischen Widerstandes des Schirmes.

Bei Kabeln mit einer Isolierung aus vernetztem Polyäthylen muß zusätzlich eine Messung des Vernetzungsgrades erfolgen. Hierzu dienen zwei Prüfverfahren:

- Die Bestimmung des Wärmedehnungsverhaltens (Hot-Set-Test) als normale Prüfung und
- die Prüfung des Lösbarkeitsverhaltens (Solvent-Extraction-Test) für Schiedsfälle.

Während bei PE- und VPE-isolierten Kabeln die elektrische Güte des Dielektrikums unproblematisch ist, muß sie bei PVC- und papierisolierten Kabeln ebenfalls in Auswahlprüfungen kontrolliert werden. Dazu dienen

- Messungen der Spannungsfestigkeit (bei PVC-Kabeln unter Feuchtigkeitseinwirkung und bei erhöhter Temperatur),
- Messungen des Verlustfaktors und der Verlustziffer und
- bei PVC-Kabeln des spezifischen Durchgangswiderstandes der Aderisolierung.

Anders sieht es dann bei den *Typprüfungen* aus. Hinsichtlich seines mechanischen und thermischen Verhaltens ist das Öl-Papier-Dielektrikum völlig unproblematisch, so daß sich Typprüfungen bei Massekabeln – sieht man von einer Biegeprüfung des Kabels ab – nur auf die Eigenschaften von Mänteln und Schutzhüllen aus PVC und eine Prüfung des Korrosionsschutzes beziehen.

Umfangreich sind demgegenüber die Typprüfungen bei den kunststoffisolierten Kabeln. Die VDE-Bestimmung 0273 unterscheidet für die PE- und VPE-isolierten Mittelspannungskabel

- Typprüfungen zur Kontrolle der elektrischen Eigenschaften und
- Typprüfungen zur Kontrolle der nichtelektrischen Eigenschaften.

Die ersteren umfassen

- Messungen des Verlustfaktors und des Isolationswiderstandes in Abhängigkeit von Temperatur und Prüfspannung sowie

- Prüfung des mechanischen Verhaltens bei Kabelbiegungen mit zwischengeschalteten Teilentladungsmessungen und anschließenden Lastwechsel-, Stoßspannungs- und Wechselspannungsprüfungen.

Die Typprüfungen der nichtelektrischen Eigenschaften umfassen

- die Prüfungen der Abmessungen der einzelnen Kabelaufbauelemente,
- alle Werkstoffuntersuchungen nach VDE 0207, durch die die für Kabelisolierungen zulässigen Werkstoffqualitäten festgelegt werden, und
- eine Alterungsuntersuchung an einer Probe des fertigen Kabels, durch die in einem sogenannten Contamination-Test der besonders wichtige Nachweis erbracht wird, daß die Isolier- und Mantelwerkstoffe unter Betriebsbedingungen durch den Kontakt mit anderen Aufbauelementen des Kabels keine unzulässigen Änderungen erfahren.

## 9.9 Marktgängige Kabeltypen

In den bisherigen Ausführungen wurde schon angedeutet, daß die Kabeltechnik derzeit einem Wandel in zwei Punkten unterworfen ist:

- Der erste ist der schon vor langer Zeit begonnene und in Zukunft sich fortsetzende Übergang von Kupfer auf Aluminium als Leitmaterial.
- Eine zweite Entwicklung ist in dem stetigen Wechsel von ölgetränkten Papierisolierungen zu Kunststoffisolierungen zu sehen. Diese Entwicklung steht im Niederspannungsbereich unmittelbar vor ihrem endgültigen Abschluß und ist im Mittelspannungsbereich in vollem Gange.

Im Niederspannungsnetz haben Stromversorgungskabel im allgemeinen vier Leiter, wobei der vierte Leiter meist eine Schutzfunktion zu erfüllen hat. Bei der ausschließlichen Verwendung von Aluminium als Leitermaterial in kunststoffisolierten Kabeln war diese Schutzfunktion sorgfältig zu überdenken. Im Gegensatz zu einer ölgetränkten Papierisolierung ist eine Kunststoffisolierung feuchtigkeitsunempfindlich. Eine Beschädigung, die nur den Schutzleiter betrifft, wäre nicht mehr ohne weiteres erkennbar, so daß eine unbemerkte Korrosion mit nachfolgenden Gefahren für den Verbraucher auftreten kann. Nachdem geeignete Maßnahmen in den Netzen diese Vorbehalte ausgeräumt haben, bewähren sich PVC-isolierte *Niederspannungskabel* mit vier Aluminiumleitern so gut, daß sie heute der am häufigsten eingesetzte Kabeltyp für 1 kV sind.

Tabelle 9.1 und Bild 9.1 geben einen Überblick über die gebräuchlichsten Kabeltypen für 1 kV und die Verschiebung der anteilmäßigen Lieferlängen im Laufe der Jahre. Es ist deutlich, wie der Marktanteil von Kupferleiter-Kabeln NYY auf Aluminiumleiter-Kabel NAYY übergewechselt hat. Dieser Trend wird sich in Zukunft weiter verstärken. Ein etwa gleichbleibender Anteil von geschirmten Kunststoffkabeln (sei es mit Kupfer-, sei es mit Aluminiumleitern) findet seinen Einsatz vorwiegend in Industrienetzen.

Niederspannungskabel mit einer Papierisolierung haben an Bedeutung immer mehr verloren und werden in Kürze wohl völlig durch Kabel mit einer Isolierung aus vernetztem Polyäthylen verdrängt werden. So fraglich es auch ist, ob im täglichen Lastbetrieb die höhere Temperaturbeständigkeit solcher VPE-Kabel wirklich genutzt werden kann, so ist doch sicher, daß ihr Verhalten bei örtlich begrenzter schlechter Wärmeableitung im Erdboden günstiger ist. 1978 sind erstmalig VPE-Niederspannungskabel in größerer Länge geliefert worden als die klassischen Papierkabel.

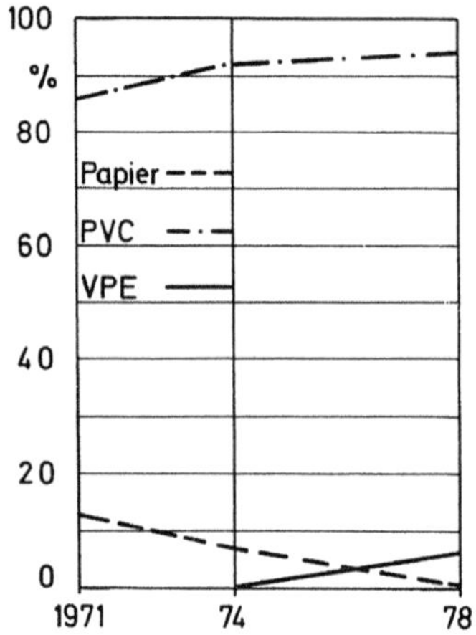


**Bild 9.1** Lieferlängen von 1 kV-Kabeltypen

**Tabelle 9.1** Lieferlängen von 1 kV-Kabeltypen

| Kabeltypen | Länge % 1971 | 1974 | 1978 |
|---|---|---|---|
| NKBA, NAKBA | 1,5 | 0,5 | 0,2 |
| NAKLEY | 11,8 | 7,3 | 1,5 |
| NYY | 40,9 | 36,5 | 31,0 |
| NAYY | 14,2 | 31,6 | 41,3 |
| NYCY, NYCWY | 13,9 | 10,5 | 9,9 |
| NAYCY, NAYCWY | 16,9 | 13,0 | 10,4 |
| NAYFGbY, NYRGbY | 0,3 | 0,3 | 0,4 |
| NYKY, NAYKY | 0,5 | 0,3 | 0,2 |
| A2XY | – | – | 5,1 |

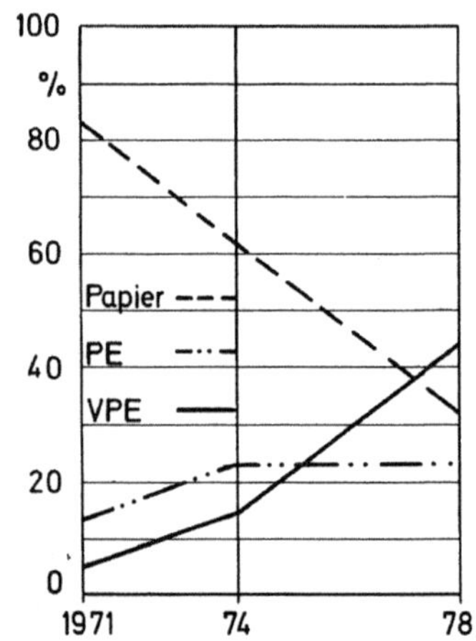


**Bild 9.2** Lieferlängen von 20 kV-Kabeltypen

**Tabelle 9.2** Lieferlängen von 20 kV-Kabeltypen

| Kabeltypen | Länge % 1971 | 1974 | 1978 |
|---|---|---|---|
| NEKEBA | 18,7 | 12,5 | 6,7 |
| NAEKEBA | 47,7 | 36,0 | 20,5 |
| NAKLEY | 16,7 | 14,1 | 5,5 |
| N2YSY | 3,6 | 3,1 | 3,8 |
| NA2YSY | 8,7 | 20,0 | 19,9 |
| N2XSY | 2,5 | 2,1 | 5,0 |
| NA2XSY | 2,0 | 12,1 | 38,5 |

Bei den *Mittelspannungskabeln* brachten die letzten Jahre einen starken Anstieg PE-(2Y) und VPE-(2X) isolierter Kabel vor allem mit Al-Leiter. Bei 20 kV und 30 kV handelt es sich dabei ausschließlich um Einleiterkabel. Abnehmer dieser Kabel sind bevorzugt regionale Elektrizitätsversorgungsunternehmen, bei denen der Vorteil großer möglicher Verlegelängen voll zum Tragen kommt. Die Wartungsfreiheit der Endverschlüsse, welche vielfach auf Freileitungsmasten montiert sind, war ein weiterer wesentlicher Grund für den Einsatz dieser Kabel. Der aus Tabelle 9.2 und Bild 9.2 für 20 kV abzulesende Trend, der ähnlich auch für 30 kV gilt, wird sich mit Sicherheit in den nächsten Jahren fortsetzen. Muffenverbindungen, die gegen Feuchtigkeit unter dem Außenmantel unempfindlich sind, sowie montagefreundliche überschiebbare Endverschlüsse tragen zu dieser Entwicklung bei.

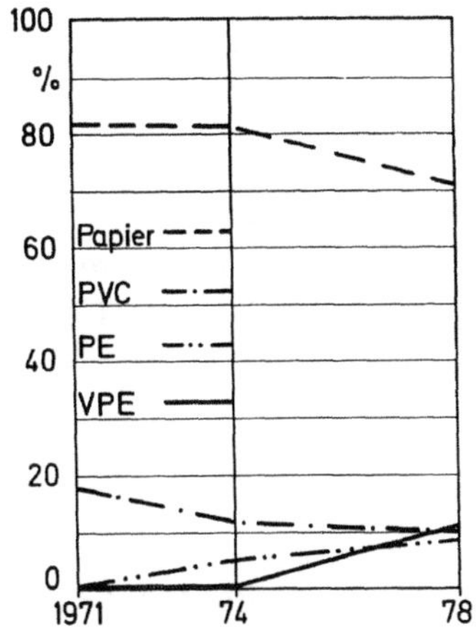


**Bild 9.3** Lieferlängen von 10 kV-Kabeltypen

**Tabelle 9.3** Lieferlängen von 10 kV-Kabeltypen

| Kabeltypen | Länge % 1971 | 1974 | 1978 |
|---|---|---|---|
| NKBA | 32,5 | 24,4 | 25,2 |
| NAKBA | 38,3 | 46,8 | 37,2 |
| NEKEBA, NAEKEBA | 6,0 | 3,7 | 4,4 |
| NAKLEY | 4,8 | 6,5 | 4,3 |
| NYHSY, NYSEY NAYHSY, NAYSEY | 18,3 | 12,1 | 9,9 |
| N2YSY, NA2YSY | – | 5,2 | 8,1 |
| N2XSY, NA2XSY | – | 1,2 | 10,8 |

Bei 10 kV ist die zukünftige Situation noch offen. Ein Trend zu den Kunststoffkabeln, aber auch zu Aluminiumleitern ist wesentlich schwächer ausgebildet, wie Tabelle 9.3 und Bild 9.3 zeigen. Wegen der leichten Verlegbarkeit und der Vorteile bei Montage und Wartung werden aber auch bei 10 kV diese Kabel ihren Marktanteil vergrößern. In Frage kommen PE- und VPE-Isolierungen, während die dielektrischen Verluste von PVC sich bereits nachteilig auswirken. Wie die Vor- und Nachteile der verschiedenen Bauarten und Isoliermaterialien bei den einzelnen EVU und industriellen Kabelverbrauchern bewertet werden, ist noch eine offene Frage.

In städtischen Netzen, in welchen relativ kurze Lieferlängen von ca. 500 m kein Nachteil sind, werden Dreileiterkabel wegen ihrer raum- und zeitsparenden Verlegemöglichkeiten Vorteile gegenüber Einleiterkabeln bieten. Einleiterkabel dürften mehr auf den außerstädtischen Bereich beschränkt sein, wo die Möglichkeit der Verlegung großer Teillängen sowie bei genügender Trassenbreite die Verlegung der Kabel in einer Ebene zur Erzielung einer höheren Belastbarkeit und zur Vermeidung von Doppelerdschlüssen bedeutsam sind.

## Literatur

*W. Ehlers* und *H. Lau*, Kabel-Herstellung: Kabelaufbau, Werkstoffe, Verfahrenstechnik, Berlin, Göttingen, Heidelberg 1956

Richtlinien für die Kabeltechnik, Herausgegeben von der Vereinigung Deutscher Elektrizitätswerke, Frankfurt/Main 1966

DIN 820 Blatt 2, Normungsarbeit: Gestaltung von Normblättern, Berlin und Köln 1969

Vorläufige Richtlinien für die Gestaltung von zusätzlich als VDE-Bestimmungen gekennzeichneten Normen der Deutschen Elektrotechnischen Kommission, Ergänzung zu DIN 820 Blatt 2, Berlin 1973

*H. J. Heinemann*, Derzeitiger Stand und Entwicklungstendenzen bei Starkstrom- und Nachrichtenkabeln, VDE-Fachberichte 28 (1974) S. 28–42

# 10 Kabellegung, Garnituren und Montagetechniken

## 10.1 Verlegung der Kabel in Erde

Die überwiegende Mehrzahl der Energiekabel wird fest im Erdboden verlegt, wobei aus rechtlichen und ökonomischen Gründen Kabeltrassen in öffentlichen Straßen bevorzugt werden. Die Verlegetiefe wird meistens nach der Nennspannung der Kabel variiert, wobei 1 kV-Kabel mindestens 0,6 m, unter Fahrbahnen von Straßen wegen der Verkehrserschütterungen mindestens 0,8 m unter der Erdoberfläche liegen sollen. Höchstspannungskabel werden bis zu 3 m tief verlegt.

Ob Einleiterkabelsysteme im Dreieck gebündelt oder in einer Ebene meist mit Ziegelsteinabstand verlegt sind, hat Einfluß auf die Belastbarkeit der Kabel:

- Im ersten Fall sind die Verluste durch gegenseitige Induktion geringer,
- im zweiten Fall ist der äußere Wärmewiderstand der Kabel geringer, die Abfuhr der Kabelverlustwärme in die Umgebung also besser.

Pauschaliert kann gesagt werden, daß die höchste *Belastbarkeit* erzielt wird, wenn

- Einleiterkabel mit kleinem Leiterquerschnitt gebündelt im Dreieck und
- Einleiterkabel mit großem Leiterquerschnitt parallel in einer Ebene verlegt werden.

In die Kabelgräben werden die Kabel in Längen um 500 m über Laufrollen maschinell eingezogen. Hierbei ist mit großer Sorgfalt vorzugehen, da während der Verlegung auftretende Beschädigungen durch zu hohe Zug-, Druck- oder Torsionsbeanspruchung oft nicht erkannt werden können und im Betrieb auftretende Kabelstörungen immer mit sehr hohen Unkosten verbunden sind.

Beim *Einziehen* eines Kabels in den Kabelgraben müssen Zugkräfte in einer Höhe aufgewendet werden, die die Reibung zwischen Kabel und dessen Unterlage zu überwinden gestatten. Diese Reibungskräfte treten über die gesamte Kabellänge gleichmäßig verteilt auf, während die Zugkraft nur am Kabelende angreift. Sie wird dann je nach der Erfassung des Kabelendes durch einen Ziehstrumpf, eine Zugöse oder einen Zugkopf auf die einzelnen Aufbauelemente des Kabels, wie Bewehrung, Bleimantel, Isolierung und Leiter, getrennt oder gemeinsam in Form einer Zug- oder Scherbeanspruchung übertragen. Zur Aufnahme der Zugkräfte kommen der Kabelleiter und Drahtbewehrungen in Frage. Die zulässige Zugkraft ergibt sich aus dem Produkt des Querschnitts q der beanspruchten Kabelaufbauelemente mit deren zulässiger Zugspannung $\sigma$ zu

$$P_{zul} = \sigma \cdot q.$$

Als zulässige Zugspannungen gelten für:

- Kupfer 60 $N/mm^2$,
- Blei 10 $N/mm^2$,
- Aluminium 30 $N/mm^2$,
- Stahl 160 $N/mm^2$ bzw. nach Stahlqualität.

In der Praxis am einfachsten ist ein *Ziehstrumpf* zu verwenden, der 2 ... 3 m über das Kabelende gestülpt wird.

- Bei Kabeln mit einer Kunststoffisolierung wird die Zugkraft einwandfrei über die äußere Schutzhülle und die Isolierung auf den Leiter übertragen, so daß mit den zulässigen Zugkräften für die Leiterseile gerechnet werden kann.

- Bei Massekabeln mit einem glatten Aluminiummantel kommt dieser Kraftschluß über die Isolierung nicht zustande, so daß sich die zulässige Zugkraft nur aus dem Querschnitt des Aluminiummantels und der zulässigen Zugspannung für Aluminium ergibt.
- Noch ungünstiger sind die Verhältnisse bei papierisolierten Kabeln mit einem Bleimantel, insbesondere in der Ausführung als Gürtel- oder H-Kabel. Ein Kraftschluß mit dem Kabelleiter kommt über die Papierisolierung nicht in ausreichendem Maße zustande und der Bleimantel bietet nur eine sehr geringe Beanspruchungsmöglichkeit. Die möglichen Zugkräfte von wenigen 1000 N reichen meist nicht aus, um größere Längen oder größere Querschnitte zu verlegen. Hier muß dann aus den Leitern eine Zugöse hergestellt oder ein Zugkopf verwendet werden. Unter einem *Zugkopf* ist eine Konusklemme zu verstehen, die auf das verkappte, bleiblanke Kabel aufgesetzt und mittels einer Spindel derart vorgespannt wird, daß ein Kraftschluß zwischen Mantel und Leiter auftritt. Wichtig ist, daß der Bleimantel zwar deformiert, aber nicht undicht werden darf.

Neben den Zugkräften treten beim Ziehen des Kabels durch Bögen auf der Trasse auch Biegebeanspruchungen und in radialer Richtung wirkende Anpreßkräfte auf. Die zulässigen Beanspruchungswerte werden durch den Aufbau der Isolierung oder durch den Kabelmantel bestimmt. Da die Radialkräfte nur bei bestimmten Höchstspannungskabeln eine Rolle spielen, genügt es im allgemeinen, die Einhaltung eines kleinsten Biegeradius sicherzustellen. Dieser *Mindestbiegeradius* beträgt bei

- Kunststoffkabeln (ein- oder mehradrig) 15 D,
- Papierkabeln mit Pb- oder gewelltem Metallmantel
  - in einadriger Ausführung 25 D,
  - in mehradriger Ausführung 15 D,
- Papierkabeln mit glattem Al-Mantel bis 50 mm $\varnothing$
  - in einadriger Ausführung 30 D,
  - in mehradriger Ausführung 25 D.

Empfohlen wird, bei maschinellem Ziehen diese Werte noch zu verdoppeln. D ist der Außendurchmesser des Kabels.

Da sowohl die Viskositäten der bei papierisolierten Kabeln verwendeten Tränkmittel als auch die mechanischen Eigenschaften der verschiedenen Kunststoffisolierungen temperaturabhängig sind, soll die Kabeltemperatur während des Verlegens bei

- Papierkabeln nicht unter +3 °C und bei
- Kunststoffkabeln nicht unter −5 °C betragen.

Denkbar wäre bei PE-Kabeln eine Verlegetemperatur bis zu −20 °C, wenn diese einen PE-Außenmantel haben.

In den Kabelgräben müssen die Kabel zur Ableitung der Verlustwärme möglichst vollständig in Sand gebettet werden. Eine nicht steinfreie *Grabenbettung* führt zu Beschädigungen des Außenmantels im Betrieb des Kabels. Zusätzlich werden oft 10 cm über den Kabeln Ziegelsteine, Betonplatten oder Kunststofftafeln verlegt, um mechanische Beschädigungen zu vermeiden. Liegen mehrere Kabel in einem Graben nebeneinander, so kann ein gegenseitiger Schutz im Erdschlußfall durch zwischengelegte Ziegelsteine oder Asbestzementplatten erzielt werden. Trassen-Warnbänder aus Kunststoff sind allgemein üblich geworden.

## 10.2 Leiterverbindungen

Die in Längen von mehreren 100 m verlegten Kabel müssen durch Garnituren miteinander und an den Enden der Trasse mit einem anderen Anlageteil verbunden werden. Im ersteren Fall wird die entsprechende Garnitur Muffe, im letzteren Endverschluß genannt. Jede *Garnitur* besteht aus Leiterverbindung, Isolierung und Schutzhülle.

Die in einem Kabelnetz vorhandenen Leiterverbindungen können für die Sicherheit der Energieversorgung ausschlaggebend sein, da die Vielzahl der vorgeschlagenen Verbindungstechniken nicht immer den gleichen Qualitätsstandard aufweisen. Erst mit der Einführung der *VDE*-Bestimmung *0220* im Jahre 1971 verfügte man über einheitliche Prüfmethoden, um die Güte einer Leiterverbindung vergleichend beurteilen zu können. Wesentlich ist die Alterungsprüfung durch Heizlastwechsel mit einer Belastungstemperatur von 10 K über der maximal zulässigen Leitertemperatur. Als Kriterium für die Güte gilt die Änderung des Spannungsabfalles bei vorgegebener Erwärmung.

Von einer Leiterverbindung ist zu fordern, daß

- der Nennstrom und der größtmögliche Kurzschlußstrom des Kabels sicher übertragen werden,
- der elektrische Widerstand so gering und außerdem konstant ist, daß die Leiterverbindung möglichst eine niedrigere Temperatur aufweist als die benachbarten Kabelleiter,
- eine ausreichende Festigkeit gegenüber mechanischen Beanspruchungen bei Montage und Kurzschlüssen gegeben ist,
- ein Schutz gegen korrosive Einflüsse der umgebenden Medien und gegen Kontaktkorrosion bei Verbindung von verschiedenen Metallen vorhanden ist,
- durch eine entsprechende Kontaktflächengestaltung der Verbindungselemente die Oberflächenoxydation von Aluminiumleitern eliminiert werden kann,
- die Kriechverformung von Aluminiumleitern unter Druckbeanspruchung ausgeschaltet wird,
- eine gefahrlose Montage unter Spannung im Niederspannungskabelnetz möglich ist und beim Anschluß von Hausanschlüssen die Isolierung des Straßenkabels nicht entfernt werden muß,
- die Montage einfach und in kurzer Zeit durchführbar ist und
- Wartungsfreiheit gegeben ist, da Überwachung und Pflege einer Leiterverbindung aus Kostengründen und wegen Unzugänglichkeit ausscheiden.

Es ist üblich, die Leiterverbindungen einzuteilen in thermisch oder mechanisch hergestellte Leiterverbindungen und bei letzteren zwischen den lösbaren Kabelklemmen und nicht lösbaren Preßverbindungen zu unterscheiden.

Bei den *thermisch* hergestellten Leiterverbindungen wird zwischen Weichlöten ($<$ 450 °C), Hartlöten ($>$ 450 °C) und Schweißen unterschieden. Kupferleiter werden vorwiegend durch Weichlöten unter Verwendung von Löthülsen, Aluminiumleiter vorwiegend durch Schweißen oder Gießlöten miteinander verbunden. Aluminiummäntel und Aluminiummassivleiter können durch Reibelötung vorverzinnt und anschließend weich gelötet werden. Bei einer Weichlötung muß die mögliche Wärmeeinwirkung auf die Kabelisolierung beachtet und gegebenenfalls verhindert werden; für das Betriebsverhalten ist die geringere thermische Kurzschlußfestigkeit von Bedeutung.

*Kabelklemmen* sind in ihrer Ausführung je nach Art der herzustellenden Verbindung und der zu verbindenden Leiter recht vielfältig. Es gibt sie als Einzelklemme oder auch als Mehrfachklemme, die gleichzeitig drei oder vier Kabelleiter abgreift. Klemmen werden entweder auf die abisolierten Leiter montiert oder auch auf die noch isolierten Leiter und haben dann Vorrichtungen zum Durchstoßen der Leiterisolierungen in Form von Kontaktzähnen oder Frässchrauben. Wenn auch die Kosten einer Klemme infolge der Präzisionsherstellung hoch liegen, so ist ihr Einsatz durchaus wirtschaftlich vertretbar, da die Herstellung einer Klemmverbindung im Muffenloch einfacher und schneller durchführbar ist als jede andere Verbindungstechnik. Große Aufmerksamkeit muß der Monteur jedoch beim Anziehen der Schraubverbindungen aufwenden, da von dieser Kontaktkraft ganz wesentlich der Klemmwiderstand und vor allem seine Konstanz im Betrieb abhängen. Üblich ist die Anwendung von Drehmomentschlüsseln. Bedingt durch Kriechverformungen des Leitermaterials sinkt die Kontaktkraft im Laufe der Zeit wieder ab. Bei Kupfer ist dieses Kriechen ohne Bedeutung, bei Aluminium ist erst bei Druckwerten unterhalb 8 N/mm$^2$ kein Kriechen mehr feststellbar. Zum Ausgleich dieser Kriechverformungen werden vorzugsweise Tellerfedern verwendet.
*Preßverbindungen* sind in dieser Hinsicht unproblematischer, da die Kontaktkraft durch Abmessungen von Preßhülse und Preßeinsatz im hydraulischen Werkzeug vorgegeben werden kann. Voraussetzung für eine einwandfreie Preßverbindung ist

- ein abgestimmter Toleranzbereich für Kabelleiter und Preßhülse,
- eine gründliche Leiterreinigung und
- die Verwendung von Preßzusätzen bei Aluminiumleitern, durch die die isolierende Aluminiumoxidschicht der Leiterdrähte zerstört werden soll. Härte und Körnigkeit der Zusätze sind wesentlich.

Sektorleiter, wie sie vor allem als Aluminium-Massivleiter weit verbreitet sind, werden in einem gesonderten Arbeitsgang zunächst durch Pressen rundgeformt. Als besonders günstig hat sich in Deutschland die Sechskantpressung durchgesetzt und vielfache Anwendung in Nieder- und Mittelspannungskabelnetzen gefunden.

## 10.3 Muffen

Die *VDE*-Bestimmung *0278* klärt den Begriff „Muffe" als die Garnitur, die zwei oder mehrere Kabel verbindet. Sie erstreckt sich über den Bereich, in dem durch die Montage Kabelbauelemente geändert oder zusätzlich Muffenteile angebaut werden. Im Muffenbereich müssen alle Funktionen des Kabels von der Muffe so übernommen werden, daß diese ebenso betriebssicher in elektrischer und mechanischer Hinsicht ist wie die zu verbindenden Kabel. Relativ einfach ist es, die Muffe den elektrischen Verhältnissen, d.h. dem übrigen homogenen Aufbau der Kabel anzupassen. Weniger leicht ist es aber, den thermischen Verhältnissen der Kabel in bezug auf die Wärmeableitung und Widerstandsfähigkeit gegen elektromagnetische Kräfte bei Kurzschlüssen gerecht zu werden.
Nach Herstellung der Leiterverbindung mit einer der vorbeschriebenen Techniken ist die elektrische Isolierung der Kabel durchzuverbinden. Bei Betriebsspannungen unterhalb 10 kV kann dies in Heiß- oder Kaltvergußtechnik geschehen, ohne daß ein zusätzlicher Isolierwickel benötigt wird. Als Vergußmassen werden Ein- oder Zweikomponentenmassen auf Bitumen- oder Gießharzbasis geliefert. Letztere benötigen nur eine Gießform, da der

erhärtete Gießharzkörper eine so große Festigkeit hat, daß er auch den mechanischen Schutz übernehmen kann, und gleichzeitig auch den Feuchtigkeitsschutz bildet.
Bei 10 kV und höheren Betriebsspannungen wird die Isolierung der beiden zu verbindenden Kabeladern zu den Enden hin konusförmig verjüngt und über diese Konen und die zwischenliegende Leiterverbindungsstelle eine verstärkte Isolierung aufgewickelt. Eine Verdickung der Muffenisolierung gegenüber der Aderisolierung ist notwendig, da die Qualität der Maschinenwicklung der Ader durch eine Handwicklung auf der Baustelle nicht erreicht werden kann. Wesentlich ist aber vor allem die Gestaltung der Trennfuge an der Übergangsstelle von der Aderisolierung zur Muffenisolierung. Durch die Verjüngung der Aderisolierung wird die *Tangentialfeldstärke* in der Trennfuge bestimmt. Die Forderung gleicher Tangentialfeldstärke an jeder Stelle der Trennfuge ist kaum zu realisieren, so daß meist Trennfugen mit einem linearen Anstieg hergestellt werden (Bild 10.1). In diesem Fall ist die Tangentialfeldstärke $E_t$ am Leiter am größten; üblicherweise wird die Konuslänge $\lambda$ so gewählt, daß ein Wert von 0,3 kV/mm nicht überschritten wird.
Für die *Muffenisolierung* werden die gleichen Werkstoffe wie in den Kabeln verwendet. Es liegt auf der Hand, daß bei Kunststoffkabeln der einfachere Kabelaufbau und der Werkstoff rationellere Verfahren zur Herstellung der Muffenisolierung gestatten, als dies bei Kabeln mit einer ölimprägnierten Papierisolierung möglich ist. Bei höheren Spannungen ab 10 kV haben diese zusätzlich zu dem meist gußeisernen Muffengehäuse noch eine Innenmuffe aus Blei oder Stahlblech. Die Innenmuffe ist dabei die Fortsetzung des metallenen Kabelmantels in der Muffe und ein zusätzlicher Feuchtigkeitsschutz. Bei Höchstspannungskabeln ist es notwendig, die Innenmuffe vor dem Füllen mit einem Kabelisolieröl zu evakuieren. Zur weiteren Erhöhung der elektrischen Sicherheit wird die Trennfuge noch verlängert, indem die Konen abgesetzt und die Aderisolierungen überwickelt werden (Bild 10.2). Mittels eines Drahttakels kann das Potential der Aderabschirmung aufgenommen und so das elektrische Feld entlastet werden.
Soweit Muffen ein *Metallgehäuse* haben, muß dieses mit dem Nulleiter des Kabels oder dem an den Enden geerdeten metallenen Kabelmantel oder -schirm verbunden sein. Dadurch wird das Muffengehäuse berührungssicher und dient gleichzeitig als zusätzlicher Erder, dessen Erdübergangswiderstand (gemessen in Ohm) etwa dem spezifischen Erdbodenwiderstand (gemessen in Ohm X Meter) entspricht. Diese zusätzliche Erdung über das Muffengehäuse kann von besonderer Bedeutung bei Kabeln mit einem PVC-Außenmantel sein, die dadurch vom Erdreich isoliert sind. Bei der früher üblichen Jutehülle

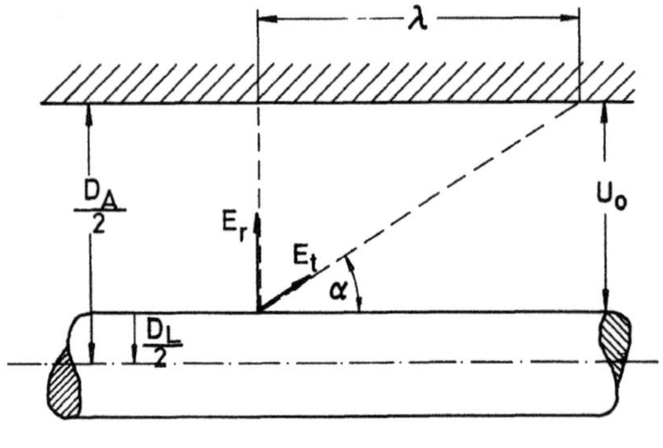


**Bild 10.1**
Wahl der Konuslänge für eine Muffenisolierung (Erläuterung der Symbole in Abschnitt 4.1)

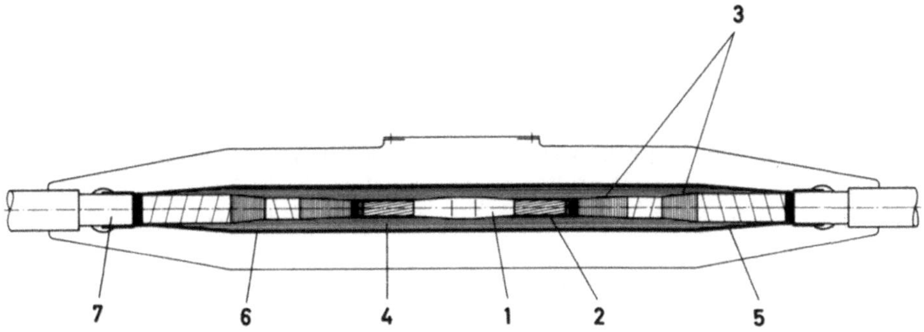


**Bild 10.2** Isolierwicklung einer Verbindungsmuffe 30 kV
1 Löthülse, 2 Leiterglättung, 3 Innenkonus, 4 Handwicklung, 5 Außenkonus, 6 Abschirmung, 7 Kabelmantel

über dem Metallmantel oder der Kabelbewehrung konnte nach kurzer Einwirkung der Bodenfeuchte das Kabel immer als durchgehend geerdet betrachtet werden.
Als isolierende Umhüllung sind Muffengehäuse aus Epoxidharz im Einsatz. Bei kunststoffisolierten Kabeln mit Muffenwicklungen aus selbstverschweißenden Bändern oder kalt- bzw. warmschrumpfenden Schläuchen dient als feuchtigkeitsdichter Abschluß der Muffe sehr oft ein Schrumpfschlauch oder auch ein PVC-Rohr mit Schrumpfkappen an den Enden.

## 10.4 Aufbauelemente eines Endverschlusses

In *VDE 0278* ist der Begriff „Endverschluß" als eine Garnitur erläutert, die das Ende eines Kabels abschließt und den Anschluß des Kabelleiters an eine elektrische Maschine, an ein Bauteil einer Schaltanlage oder an eine Freileitung ermöglicht. Der Endverschluß beginnt dort, wo durch die Montage Kabelbauelemente geändert oder zusätzliche Endverschlußteile angebracht werden. Er endet am Anschlußpunkt oder dort, wo durch die Montage an Bauelementen der elektrischen Anlage zusätzlich Endverschlußteile angebracht werden.
Die *Anforderungen*, die an Endverschlüsse gestellt werden müssen, ergeben sich aus den Betriebsbedingungen des Kabelnetzes, in dem die Endverschlüsse keine Schwachstellen bilden dürfen. Sie müssen also

- in elektrischer Hinsicht
  - die Betriebsspannung im Dauerbetrieb halten und
  - kurzzeitigen Überspannungen als Folge von Schalthandlungen oder Blitzschlag widerstehen,
- in mechanischer Hinsicht
  - die elektrodynamischen Kräfte der Kurzschlußströme aufnehmen,
  - das Kabel gegen Feuchtigkeit und aggressive Chemikalien abdichten und
  - die Kabelader gegen UV-Strahlung und Ozoneinwirkung schützen,
- in thermischer Hinsicht
  - den Temperaturspielen bei schwankender Last folgen und
  - den Grenztemperaturen im mehrstündigen Notbetrieb und kurzzeitigem Kurzschlußfall widerstehen.

Darüberhinaus sollen sie montagefreundlich und wartungsfrei sein.

Im Kabel bildet sich zwischen dem spannungsführenden Leiter und dem geerdeten Schirm über der Isolierung ein radial-homogenes Feld aus (Bild 10.3). Die Äquipotentialflächen sind Zylinderflächen konzentrisch zum Leiter. Am Kabelende wird dieser Feldverlauf gestört. Um eine ausreichende Isolierstrecke zu erhalten, muß der Schirm des Kabels bereits vor dem Kabelende abgesetzt werden. Die Äquipotentiallinien nehmen einen stark inhomogenen Verlauf, wodurch am Schirmende eine hohe elektrische Längsfeldstärke entsteht, die zu Entladungen und zum Überschlag entlang der freigelegten Aderisolierung führen kann.

Um diese Feldstärkekonzentrationen in definierter Weise abzubauen, werden Steuerelemente in den Endverschluß eingebaut. Durchgesetzt hat sich weitgehend die *kapazitive Feldsteuerung*, die neben der einfachen Ausführung den großen Vorteil hat, daß sie unabhängig von der Art der Spannungsbeanspruchung und vom Lastzustand des Kabels ist.

Am einfachsten ist der Einsatz eines Feldsteuerungstrichters, durch den das elektrische Feld in vorgebbarer Weise langsam abgebaut wird (Bild 10.3).

Wesentlich wirksamer ist die Feldsteuerung über Steuereinlagen, die aber nur bei Höchstspannungsanlagen eine Rolle spielt. Dazu werden auf die Aderisolierung Keulen gewickelt, die in bestimmter geometrischer Anordnung leitfähige Einlagen erhalten (Bild 10.4). Meist sind es die Rußpapiere, die auch zur Leiterglättung und Aderabschirmung benutzt werden. Da sie eine erheblich höhere Leitfähigkeit als Isolierpapiere besitzen, nehmen die einzelnen Rußpapierzylinder auf ihrer ganzen Länge gleiches Potential an. Die Feldsteuerung wird dadurch bewirkt, daß Länge und Abstand der Einlagen bei gleichzeitiger achsialer Versetzung variiert werden. Dabei wird die Kapazität zwischen zwei aufeinanderfolgenden Einlagen jeweils gleich gemacht.

Um die Endverschlüsse vor Umwelteinflüssen zu schützen, werden sie mit einem *Isolator* versehen, der aus Porzellan oder Kunststoff bestehen kann. Um diese Isolatoren vor den

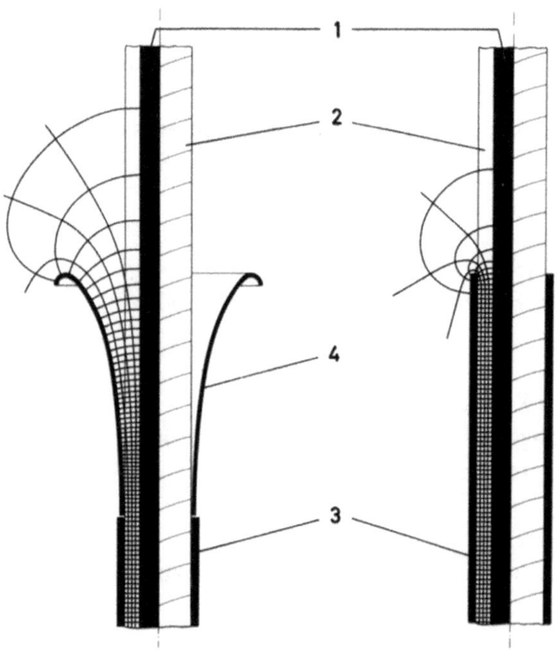


**Bild 10.3**

Elektrisches Feld am Ende eines metallenen Kabelmantels

1 Leiter
2 Isolierung
3 geerdeter Metallmantel
4 Feldsteuerungstrichter

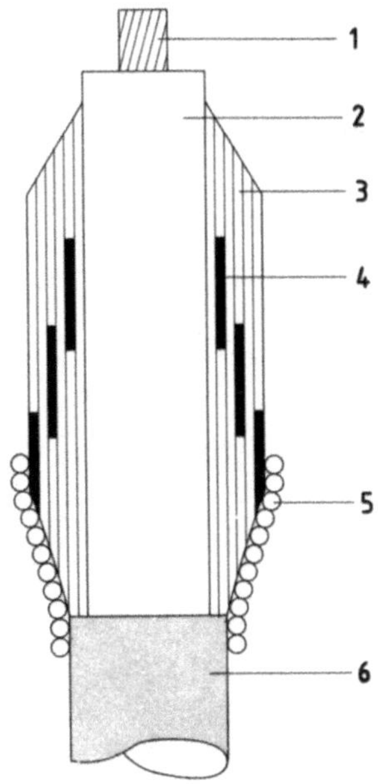


**Bild 10.4** Kapazitive Feldsteuerung in einem Endverschluß mit Hilfe von Steuereinlagen

1 Leiter
2 Aderisolierung
3 Endverschlußisolierung
4 Steuereinlagen
5 Drahttakel als Feldsteuerungstrichter
6 geerdeter Metallmantel

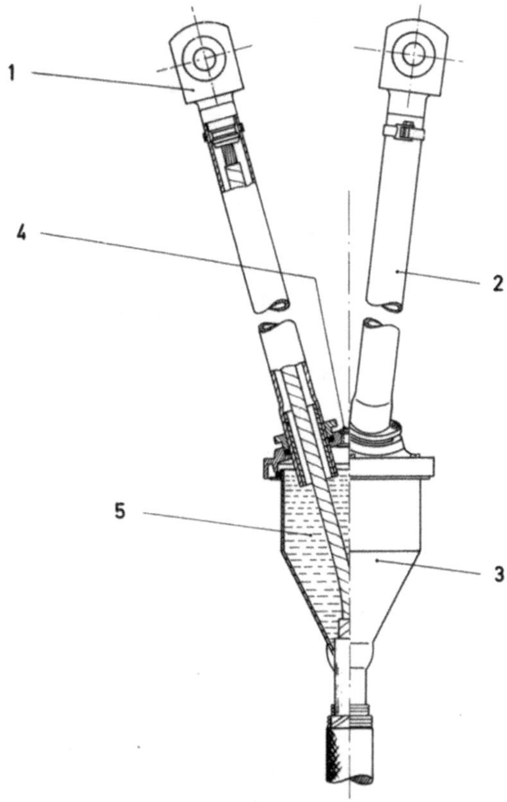


**Bild 10.5** Druckfester Innenraum-Kleinendverschluß 10 kV
1 Kabelschuh, 2 Isolierschlauch, 3 Endverschlußgehäuse, 4 Füllöffnung, 5 Ölisoliermasse

Auswirkungen von Überschlägen zu bewahren, werden vielfach Schutzarmaturen am Fuß und am Kopf des Überwurfs angebracht. Diese Schutzarmaturen tragen ebenfalls zur Feldsteuerung im Endverschluß bei.

## 10.5 Endverschlüsse für Massekabel

Die Konstruktion der Kabelendverschlüsse ist verschieden, je nachdem sie für Einleiter-, Gürtel- oder Dreimantelkabel vorgesehen sind und Anwendung in Innenräumen oder Freiluftbetrieb finden.

Außerdem hängt sie maßgebend von den im Kurzschlußbetrieb auftretenden Kräften ab.

In Innenraumanlagen werden für Anlagen bis 15 kV und mäßige Kurzschlußstromstärken bis höchstens 60 kA druckfeste *Kleinendverschlüsse* eingesetzt (Bild 10.5).

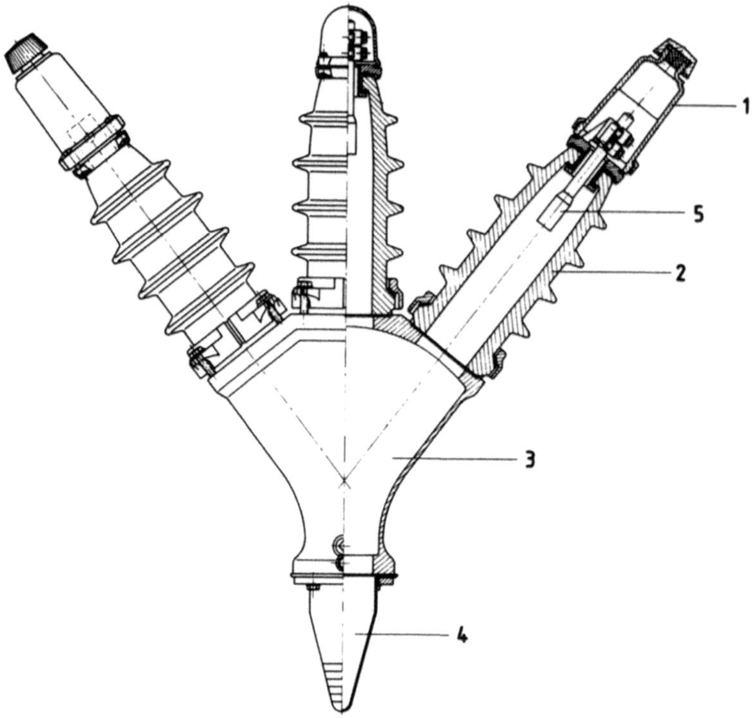


**Bild 10.6** Kurzschlußfester Flachendverschluß 20 kV für Freiluftanlagen
1 Sichthaube, 2 Porzellanisolator, 3 Aufteilungsgehäuse, 4 Einführungstrichter, 5 Leiteranschlußbolzen

Durch ein Aufteilungsgehäuse, das mit dem Bleimantel verlötet wird, werden die entmantelten Adern gespreizt und durch die Ausführungen des Deckels geführt, der schließlich ebenfalls mit dem Gehäuse verschraubt wird. Die Abdichtung der Adern erfolgt durch Überzugsschläuche, die an den Deckelstutzen sowie an den Kabelschuhen durch Schlauchschellen festgelegt werden. Das Gehäuse wird mit Isoliermasse gefüllt.
Bei Freiluftanlagen oder höheren Anforderungen an die Kurzschlußfestigkeit bildet der *Flachendverschluß* eine günstige Lösung (Bild 10.6). Gekennzeichnet ist er durch ein gußeisernes Gehäuse, das drei kerzenförmige Porzellandurchführungen trägt.
Die Kabeladern enden in Leiteranschlußbolzen, die in der Kopfarmatur des Isolators enden. In Höhe der Gehäuseausführungen erhalten die Adern eine Abstützwicklung, die besonders beim Auftreten von Kurzschlußkräften in Funktion tritt.
Bei den Lastwechseln im Kabelbetrieb fällt dem Massevolumen der Endverschlüsse auch die Aufgabe zu, eine Masseverarmung in der senkrechten Hochführung des Kabels unterhalb des Endverschlusses zu verhindern. Um die Masseabgabe des Endverschlusses kontrollieren zu können, werden vielfach *Sichtringe* in die Endverschlüsse eingesetzt. Eine Wartung der Endverschlüsse von Massekabeln ist unumgänglich.

## 10.6 Endverschlüsse für Kunststoffkabel

Zur raschen Verbreitung der kunststoffisolierten Kabel hat ganz wesentlich die einfache Montage und die Wartungsfreiheit ihrer Endverschlüsse beigetragen. Im Niederspannungsnetz wird im allgemeinen

- bei Innenraumanlagen auf einen besonderen Endenabschluß der Kabel verzichtet und nur
- bei Freiluftanlagen durch Abdichten des Leiters und der Zwickel lediglich das Eindringen von Feuchtigkeit verhindert.

Die zur Kabelisolierung verwendeten Kunststoffe genügen allen an den Enden auftretenden elektrischen, thermischen und mechanischen Beanspruchungen, ohne daß zusätzliche Maßnahmen ergriffen werden müssen.

Bei den Mittelspannungskabeln wurden anfangs modifizierte Massekabelgarnituren eingesetzt. Die Endverschlüsse bestanden aus den herkömmlichen *Wickelkeulen* mit konventioneller Feldsteuerung. Je nach Kabelisolierung wurden PVC- oder PE-Bänder verwendet, mit denen jedoch keine Haftung auf der Kabelisolierung zu erzielen war und Lufteinschlüsse in Kauf genommen werden mußten. Abhilfe boten selbstverschweißende Bänder auf EPR-Basis. Der Vorteil der Wickeltechnik liegt in der universellen Anwendbarkeit und der Anpassungsfähigkeit an alle Kabelabmessungen. Die zum Füllen der Isolatoren verwendeten Vergußmassen müssen selbstverständlich mit den Isolierwerkstoffen unter Betriebsbedingungen verträglich sein.

Um vom handwerklichen Können – vor allem bei Niederspannungskabel-Garnituren – der Monteure unabhängiger zu sein, wurden gießbare Isolierstoffe gesucht. Speziell modifizierte elastische Polyurethanharze haben sich in Kabelgarnituren am besten bewährt. Wegen des unpolaren Charakters von Polyäthylen ist jedoch keine Haftung des Gießlings auf der Kabelader zu erzielen, die bei den wechselnden thermischen Belastungen erhalten bleibt. Auf die Kabelader wird deshalb zunächst eine elastische Zwischenschicht aus selbstverschweißenden EPR-Bändern aufgebracht, welche die unterschiedlichen Wärmeausdehnungen ausgleicht und eine Spaltbildung mit nachfolgendem Durchschlag verhindert. Zur Feldsteuerung können in diesen *Gießharzendverschlüssen* metallische Steuerungstrichter eingegossen werden.

Nachteilig ist bei der Wickel- und auch bei der Gießharztechnik, daß auf der Baustelle der Endverschluß aus Einzelteilen aufgebaut werden muß. Das Montagerisiko wird kleiner, wenn *fabrikfertige Endverschlüsse* verwendet werden, die alle Einzelteile enthalten (Bild 10.7). Ein solcher Endverschluß ist nur noch auf das vorbereitete Kabelende aufzuschieben. Montagezeit und -risiko werden drastisch reduziert. Für die Betriebssicherheit eines solchen Endverschlusses spielt die Auswahl des Isoliermaterials eine entscheidende Rolle. In Deutschland wird allgemein Silikonkautschuk wegen der hohen Kriechstromfestigkeit bevorzugt. Bei einem thermischen und oxydativen Abbau entsteht nichtleitendes $SiO_2$ als Spaltprodukt, während die ebenfalls vorhandenen organischen Bestandteile in Gasform entweichen. Aus diesem Grund kann Silikonkautschuk unter Freiluftbedingungen eingesetzt werden, ohne daß gegenüber den bewährten Werkstoffen wie Porzellan oder Glas wesentliche Abstriche bei der Betriebssicherheit oder Lebensdauer auftreten.

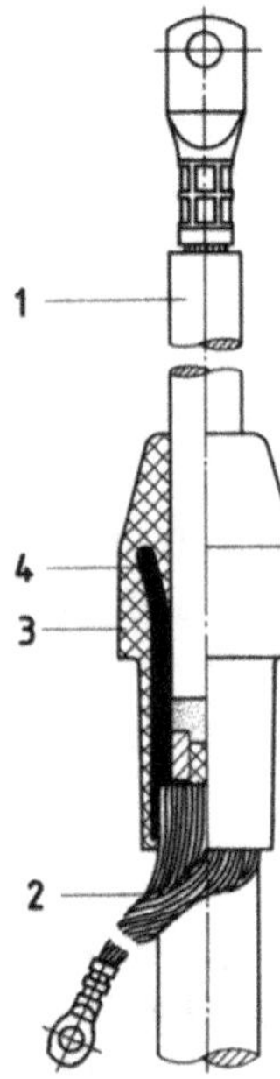


**Bild 10.7**

Aufschiebbarer Endverschluß 20 kV

1 Aderisolierung
2 geerdeter Cu-Drahtschirm
3 aufschiebbare Keule aus Silikonkautschuk
4 Feldsteuerungstrichter

Interessante Lösungen ermöglicht auch das *Aufschrumpfen von Halbfabrikaten* auf das Kabelende. Ein Endverschluß besteht aus Schrumpfteilen, von denen

- eines die ohmsche Feldsteuerung übernimmt,
- andere zur Isolierung und zum Feuchtigkeitsschutz dienen.

Die Warmschrumpftechnik arbeitet mit Kunststoffteilen, deren Form und Abmessung durch Vernetzen festgelegt und anschließend unter Wärmeeinwirkung gedehnt und in gedehntem Zustand abgekühlt werden. Die so „eingefrorenen" inneren Spannungen können durch erneute Wärmebehandlung zum Ausgleich gebracht werden. Kaltschrumpfteile werden bei der Fertigung gedehnt und durch Stützspiralen in dieser Lage fixiert. Bei der Montage wird dann das Formteil durch Herausziehen der Stützwendel aufgeschrumpft.

## Literatur

*J. Weltgen*, Maschinelles Verlegen von Starkstromkabeln, F & G-Rdsch. (1968) S. 62–73

*J. D. Wenzel* und *R. Wimmershoff*, Entwicklungstendenz bei Endverschlüssen für kunststoffisolierte Mittelspannungskabel 10 bis 30 kV, El. wirtsch. 75 (1976) S. 177–181

*H. Bessei*, Neues Baukastensystem für aufschiebbare Endverschlüsse 10 bis 30 kV, El. wirtsch. 76 (1977) S. 502–505

*H. Hendricks*, Garnituren, Klemmen und Verbinder an und mit VPE-Kabeln in Niederspannung, En. wirt. Tagesfr. 27 (1977) S. 108–112

VDEW-Mitarbeiter, Kabelhandbuch, Frankfurt/Main 1977

*H. W. Lücking* u.a., Energiekabel: Werkstoffe, Bauarten, Garnituren, Prüfungen und Montagetechniken, 27. VDE-Seminar München 1978

*W. Rasquin*, Elektrische Energieübertragung, Duisburg 1978

# Teil II Theoretische Grundlagen
# Kabel für höhere Spannungen und Leistungen

## 11 Technische Grundprinzipien

### 11.1 Komponenten für Massekabel

Kabel, die elektrische Energie vom Erzeuger zum Verbraucher transportieren, lassen sich in ihren heutigen Ausführungsformen leicht beschreiben: Sie bestehen aus mindestens einem elektrischen Leiter, der spannungsisoliert und durch Hüllen gegen äußere Einwirkungen geschützt sein muß.

- Als Leitmaterialien finden Kupfer und Aluminium Anwendung.
- Bei den Isolierungen kennt man die aus Papierstreifen gewickelte und mit Öl getränkte Isolierung und Isolierungen aus Thermoplasten und Elastomeren.
- Öl/Papier-Isolierungen benötigen als Feuchtigkeitsschutz einen Metallmantel aus Blei oder Aluminium, der gleichzeitig als Erd- und Schutzleiter dienen kann.
- Kunststoffisolierte Kabel über 1 kV Nennspannung haben zu diesem Zweck einen Kupferschirm oder eine Stahlbewehrung.
- Diese äußeren metallenen Aufbauelemente müssen wiederum vor Korrosion geschützt werden. Die Außenhülle fast aller Kabel besteht heute aus einem nahtlosen PVC-Mantel.

Diese Konstruktion von Energiekabeln ist das Ergebnis einer Reihe von Erkenntnissen im Zuge der historischen Entwicklung, die um 1880 mit guttaperchaisolierten Kupferdrähten begann, die zunächst in eiserne Rohre eingelegt wurden. Die schon bei 45 °C erweichende Guttapercha verhinderte größere Belastungen des Kabels und war außerdem zu teuer. In den Siemens'schen Kabelwerken kam B. H. Wesslau 1882 auf den Gedanken, die Faserstoffe, aus denen man bis dahin die Polsterung unter der Bewehrung der Guttaperchaadern gefertigt hatte, direkt zur Isolierung zu verwenden, wie es von Telegraphenkabeln bekannt war. Diese Faserstoffe, wie z.B. Jute, Flachs oder Baumwolle, mußten getrocknet und imprägniert werden. Als Imprägniermittel war Vaseline üblich, die durch Naturharze verdickt wurde. Trocknung und Tränkung erfolgten bereits frühzeitig unter Anwendung von Vakuum. Die Kabeladern wurden jetzt nicht mehr in starre Rohrleitungen eingezogen, vielmehr entwickelte Wesslau aus der Siemens'schen Guttaperchapresse eine hydraulische Bleipresse, mit der in einem kontinuierlichen Verfahren ein nahtloser Bleimantel auf die Ader aufgepreßt werden konnte. Als Korrosionsschutz erhielt dieser Bleimantel eine Umspinnung aus bituminierter Jute, über die noch zwei bituminierte verzinkte Eisenbänder überlappend gewickelt wurden, um Schutz gegenüber mechanischen Beschädigungen zu erzielen. Gegen Korrosion wurde die Bandbewehrung wiederum durch bituminierte Jute geschützt.

Bei diesen Kabeln waren bereits die wichtigsten Merkmale verwirklicht, die das sogenannte *Massekabel* charakterisieren, nämlich

- die Umspinnung des Leiters mit einer Isolierung aus einem Faserstoff,
- die Tränkung dieser Faserstoffisolierung mit einem harzhaltigen Kohlenwasserstoff-Derivat unter Anwendung von Vakuum,
- der feuchtigkeitsdichte Abschluß des Kabels mit einem nahtlosen Metallmantel,
- eine Bewehrung aus verzinkten Eisenbändern und
- ein Korrosionsschutz, der bei Bleimantelkabeln auch heute noch oft aus bituminierter Jute besteht.

## 11.2 Gürtelkabel

Mit diesen einadrigen Kabeln wurden in vielen Städten Deutschlands 100 Volt-Gleichstromnetze errichtet. Wegen dieser niedrigen Betriebsspannung mußten die Leiterquerschnitte groß gehalten werden. Einleiterkabel mit einem Querschnitt von 1000 $mm^2$ wurden schon 1886 hergestellt, indem um einen Zentraldraht drei Lagen von 36 gleich starken Kupferdrähten mit etwa 6 mm Durchmesser gewickelt wurden. Der Außendurchmesser solcher Kabel lag dann über 50 mm, und ihr Biegeverhalten war entsprechend kritisch.

Ab 1890 fand eine Neuorientierung in der Kabeltechnik statt, nachdem

- die Stadt Köln die erste Wechselstromzentrale errichtet hatte, bei der die Übertragungsspannung 2 kV betrug, und
- de Ferranti die Isolierung von Kabeln durch schraubenförmig auf den Leiter aufgebrachte Papierbänder fabrikationsreif entwickelt hatte.

Jetzt war die Möglichkeit gegeben, höhere Leistungen nicht nur über größere Leiterquerschnitte, sondern besser über eine höhere Betriebsspannung mittels Drehstrom zu den Verbrauchern zu übertragen.

Die Bestrebungen, die Wirtschaftlichkeit bei der Herstellung und im Betrieb zu erhöhen, führten zur Unterbringung aller Leiter eines Kabels unter einem gemeinsamen Bleimantel. Zwei grundsätzlich verschiedene Konstruktionen wurden entwickelt:

- Bei der ersten Ausführung waren die Leiter koaxial wechselnd mit den Schichten der Isolierung angeordnet,
- bei der zweiten wurden die einzelnen isolierten Leiter miteinander verseilt.

Die Konstruktion der koaxialen Kabel wurde jedoch bald aufgegeben, da sie sich wegen der Schwierigkeiten bei der Fertigung und der elektrischen Unsymmetrie im Netzbetrieb nicht bewährte.

Nachdem der Dreiphasenstrom in immer stärkerem Maße angewendet wurde, setzten sich die Konstruktionen der Energiekabel mit drei bis vier verseilten Leitern durch, wobei der Querschnitt des Nulleiters in der Regel kleiner gewählt wird als der der Außenleiter. Die für die Betriebsspannung U zwischen den Leitern erforderliche Isolierungswandstärke wird je zur Hälfte durch die Isolierung der Einzelleiter erbracht. Nach der Verseilung, bei der die Zwickel zwischen den Adern mit Papier- oder Jutetrensen ausgefüllt werden, wird dann die erforderliche Isolierungswandstärke zwischen Leiter und Mantel dadurch erzielt, daß über den Verseilverband eine gemeinsame *Gürtelisolierung* aufgebracht wird. Die Querschnittsskizze eines Gürtelkabels zeigt Bild 11.1.

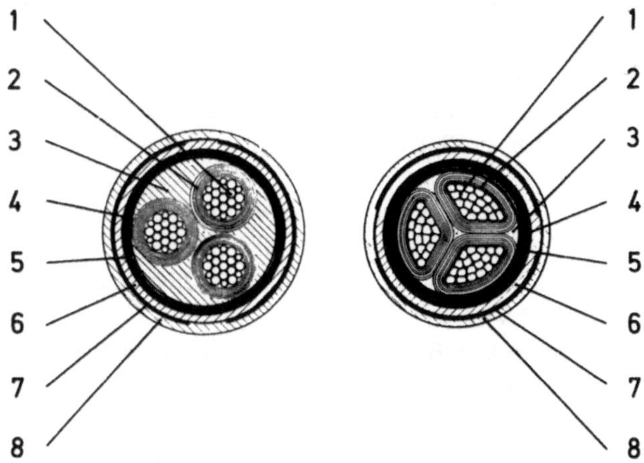


**Bild 11.1**
Querschnittsskizzen von Gürtelkabeln
1 Leiter
2 Leiterisolierung
3 Zwickelfüllung
4 Gürtelisolierung
5 Bleimantel
6 Polster
7 Bewehrung
8 Korrosionsschutzhülle

Der in den Zwickeln der verseilten Rundleiterkabel entstehende Raumverlust erfordert einen Mehraufwand für Füllmaterial, Gürtelisolierung, Bleimantel und äußere Schutzhüllen. Dieser kann reduziert werden, wenn die Adern einen sektorförmigen Querschnitt haben (Bild 11.1). Heute werden meist *vordrallierte* Sektorleiter verwendet, bei denen der die Sektorform aufbauende Kern und damit auch die äußere Querschnittsform bereits mit vorgegebener Schlagrichtung und vorgegebener Schlaglänge vorverseilt sind. Dadurch daß die Leiter schon bei ihrer Herstellung in die Raumkurve gezwungen werden, die ihnen im Kabelverband eigentümlich ist, werden die Torsionsbeanspruchungen des Leiterseils und der Papierisolierung bei der Aderverseilung vermieden. Zur Verseilung dieser vordrallierten Adern werden Verseilmaschinen mit sogenannten Rückdreheinrichtungen angewendet, bei denen die Spulen mit den Adern in Joche eingehängt werden, die sich gegenüber dem Verseilkorb mit der gleichen Winkelgeschwindigkeit, jedoch in umgekehrter Richtung, drehen. Dadurch wird eine Drehung der ablaufenden Ader vermieden.

## 11.3 Schottwirkung der Papierisolierung

Der außerordentliche Fortschritt, der mit dem Ersatz der Juteisolierung durch die Papierisolierung verbunden war, ermöglichte es, Gürtelkabel bis zu Nennspannungen von 20 kV und vereinzelt auch 30 kV herzustellen. Wie sich aus den 1903 von C. Baur durchgeführten Durchschlagsversuchen ergab, entspricht die Durchschlagfestigkeit einer Juteisolierung noch nicht einmal derjenigen eines Luftkondensators gleicher geometrischer Abmessungen. Die Jute diente in solchen Kabeln also lediglich als Abstandshalter für die spannungführenden Teile. Merkwürdigerweise verlangten noch Jahre, nachdem Felten & Guilleaume die Papierisolierung in Deutschland eingeführt hatte, immer noch Kabelanwender für ihre Energiekabel die von den Telegraphenkabeln bekannte, dort aber andere Zwecke erfüllende Juteisolierung.

Sicherlich war mit Papier ein sehr brauchbarer Isolierstoff gewählt worden, wichtiger ist aber die physikalische Tatsache, daß durch die Art der Aufbringung von Papierbändern auf den Kabelleiter in vielen Schichten eine *Schottwirkung* erzielt wird. Ladungsträger werden in ihrer Beweglichkeit gehindert; eine Brückenbildung leitender Fremdkörper wie Fasern oder Dampfbläschen wird verhindert.

J. Borel demonstrierte dies an folgendem Versuch:

- Die Durchschlagfestigkeit von sorgfältig getrocknetem Isolieröl beträgt zwischen zwei Kugelkalotten, wie sie ähnlich heute auch in VDE 0303 genormt sind, im Mittelwert 10 kV/mm.
- Bringt man zwischen die Kalotten, die einen Abstand von 0,5 mm haben, ein Papierblatt von 0,1 mm Stärke, so steigt die Durchschlagfestigkeit auf das Doppelte.
- Werden statt eines Papierblattes von 0,1 mm Stärke zwei von je 0,05 mm gewählt, so ergibt sich ein weiterer Anstieg auf 26 kV/mm.
- Eine weitere Unterteilung der 0,1 mm dicken Barriere mit noch dünneren Papieren bringt kaum noch etwas, wohl aber kann durch Ausfüllen des gesamten Elektrodenabstandes eine Durchschlagfestigkeit von im Mittel 54 kV/mm erreicht werden.

Dieser Borel'sche Versuch demonstriert das Durchschlagsverhalten einer Kabelisolierung bei einer elektrischen Kurzzeitbeanspruchung im Sekundenbereich. Die dielektrische Festigkeit kann – insbesondere gegenüber Impulsbeanspruchungen, wie sie durch Schaltvorgänge oder Blitzeinschläge hervorgerufen werden – durch den Einsatz sehr dünner Papiere deutlich gesteigert werden. Auch eine Erhöhung der Viskosität des Isolieröles wirkt sich auf das Kurzzeitverhalten günstig aus. In Stoßspannungsprüfungen mit der genormten 1,2|50 μs Blitzwelle werden dielektrische Festigkeiten von 100 ... 120 kV/mm erreicht.

Die Vorstellungen über den Mechanismus des *Kurzzeitdurchschlags* in einem Kabeldielektrikum beruhen auf der Theorie, die Townsend ursprünglich für den elektrischen Durchschlag in Gasen entwickelt hatte:

Unter der Wirkung des elektrischen Feldes werden einzelne, irgendwie vorhandene freie Elektronen vom Felde erfaßt und erhalten eine derart hohe Beschleunigung, daß sie ihrerseits wieder neutrale Moleküle zu ionisieren, d.h. Elektronen aus deren Molekülverband herauszulösen vermögen. Bei diesen sehr schnell verlaufenden Vorgängen bilden sich lawinenartig Ionen- und Elektronenketten, die dann unmittelbar zum Lichtbogendurchschlag führen.

Mit dieser Vorstellung wird auch das unterschiedliche Verhalten zwischen einer Jute- und einer Papierisolierung verständlich. Das lockere Gefüge der Juteisolierung kann die Lawinenbildung nicht verhindern, während die Ladungsträger durch die Schottwirkung der fest gewickelten Papierlagen immer wieder abgebremst werden. Erst bei sehr hohen Spannungen reicht die Beschleunigung der Ladungsträger auf kürzester Distanz aus, um die Kettenreaktion in Gang zu setzen.

Nach der Widerstandsfähigkeit gegenüber Stoßspannungsbeanspruchungen werden vor allem Höchstspannungskabel dimensioniert, während im Mittelspannungsbereich mehr das Langzeitverhalten eine Rolle spielt. Nimmt man die *Zeitdurchschlagskurven* auf, d.h. die Zeiten, nach denen bei einer konstant anliegenden Spannung ein Durchschlag eintritt, so zeigen sie in der Borel'schen Versuchsanordnung und bei Massekabeln prinzipiell den gleichen Verlauf: Sehr schnell fällt die Momentandurchschlagfestigkeit auf einen Asymptoten-Grenzwert ab. Die Asymptotenfeldstärke erreicht bei einem Massekabel nach Tagen aber nur etwa 25 % der Werte, die im Modellversuch mit 35 ... 40 kV/mm nach etwa 10 min erzielt werden.

## 11.4 H-Kabel

Die im Modellversuch ermittelten Durchschlagfestigkeiten einer Papierisolierung gelten nur dann, wenn die elektrischen Feldlinien das Papier senkrecht durchsetzen. Treten die Feldlinien schräg durch die Papierfläche hindurch, so verringert sich die Durchschlagfestigkeit infolge der auftretenden Tangentialkomponenten wesentlich. Verlaufen die Feldlinien ganz oder nahezu parallel zur Papieroberfläche, so führt dies zu der bekannten Erscheinung der Gleitfunken.

1911 erkannte M. Höchstädter, daß aus dem Feldlinienverlauf in einem Gürtelkabel wichtige Schlüsse zur Weiterentwicklung der Kabel zu ziehen waren. Während die Leiterisolierung dielektrisch relativ stark beansprucht werden kann, bilden die Zwickelfüllungen sowie zum Teil auch die Gürtelisolierung Schwachpunkte. An den Grenzflächen der Zwickel verläuft das elektrische Feld mehr oder weniger tangential zur Papieroberfläche und nicht wie in der Leiterisolierung senkrecht zu den Papieren. Die Zwickelfüllung ist zudem sowohl vom Material her, wie auch durch die fehlende Schottwirkung dielektrisch minderwertig.

Höchstädter schlug vor, die Zwickelräume zwischen den Adern dadurch feldfrei zu machen, daß durch eine metallene Aderabschirmung ein *radialsymmetrisches Feld* in den Adern erzwungen wird, bei dem die Feldlinien senkrecht zu den Papierlagen, also in Richtung der höchsten Festigkeit der Isolierung, verlaufen. Dazu wird als letzte Lage einer jeden Aderbewicklung ein besonderes Papierband aufgewickelt, dem eine dünne Aluminiumfolie aufkaschiert ist (Bild 11.2). Diese so mit dem Papierdielektrikum innig verbundene metallene Schicht bezeichnete Höchstädter als mit ihr „dielektrisch verlötet". Damit die Trocknung und Tränkung durch diese metallene Schicht hindurch erfolgen kann, ist dieses sogenannte *H-Papier* perforiert. Ein mit Metallfäden durchwirktes Nesselband wird anstelle der Gürtelisolierung um die drei miteinander verseilten Adern gewickelt. Über die Metallfäden wird der Kontakt zwischen der Adermetallisierung und dem Bleimantel hergestellt.

Im Verlauf von zehn Jahren setzten sich solche Höchstädter-Kabel, kurz H-Kabel genannt, weltweit für Betriebsspannungen von etwa 15 kV an aufwärts durch. Mitte der zwanziger

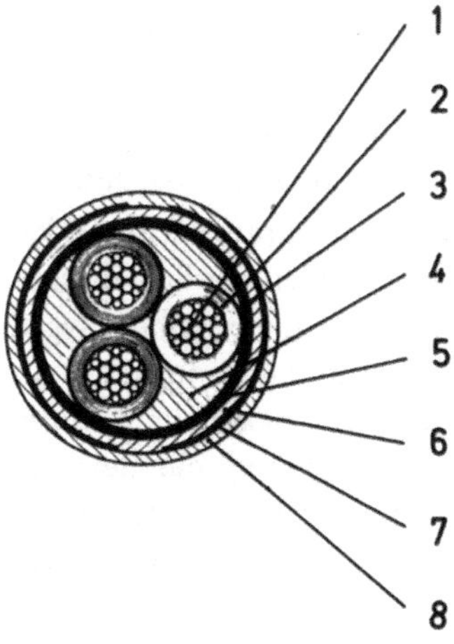


**Bild 11.2**

Querschnittsskizze eines H-Kabels

1 Leiter
2 Aderisolierung (mit unterliegender Leiterglättung)
3 H-Papier
4 Zwickelfüllung
5 Bleimantel (mit unterliegendem Cu-durchwirktem Nesselband)
6 Polster
7 Bewehrung
8 Korrosionsschutzhülle

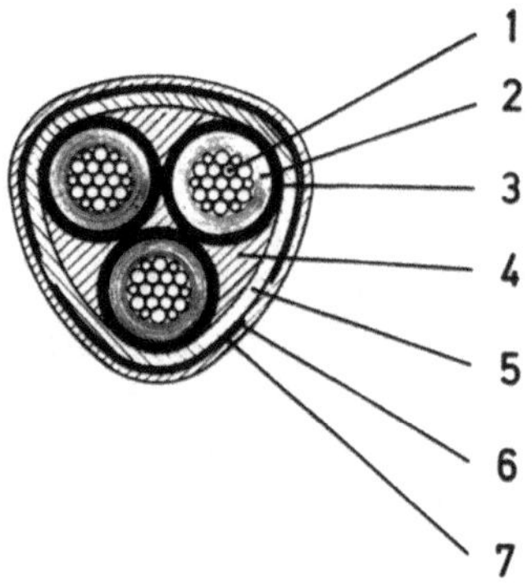


**Bild 11.3**
Querschnittsskizze eines Mehrmantelkabels
1 Leiter
2 Aderisolierung (mit unterliegender Leiterglättung)
3 Bleimantel (mit unterliegendem H-Papier)
4 Zwickelfüllung
5 Polster
6 Bewehrung
7 Korrosionsschutzhülle

Jahre wurden bereits große Längen von 50 kV- und 60 kV-Kabeln geliefert, darunter 1925 von Felten & Guilleaume das 28,4 km lange Seekabel durch den Øresund für eine Leistung von 17,3 MVA bei 50 kV. Der Leiterquerschnitt betrug 95 $mm^2$ Cu und die Isolierungsdicke 12 mm.

## 11.5 Mehrmantelkabel

Das H-Kabel ist gekennzeichnet durch einen gemeinsamen Bleimantel über den verseilten, mit einem H-Papier geschirmten Adern. Neuere Kabelkonstruktionen für den Mittelspannungsbereich weisen jedoch aus wirtschaftlichen Gründen meist je einen Bleimantel entsprechend geringerer Wandstärke um jede einzelne Ader auf (Bild 11.3). Die Höchstädter-Metallisierung wird trotzdem beibehalten – allenfalls durch mit Rußzusätzen leitfähig gemachte Papiere substituiert –, um Hohlräume zwischen Aderisolierung und Bleimantel aus dem elektrischen Feld auszuschalten.
Diese „Mehrmantelkabel"-Konstruktion hat den Vorteil leichterer Handhabung im Trocken-, Tränk- und Ummantelungsprozeß und größerer Biegbarkeit des fertigen Kabels. Erschwert ist die Verseilung der schweren bebleiten Adern, für die besonders große und kräftige Verseilmaschinen benötigt werden. Immerhin sind Trommeln mit Adern von mehreren Tonnen Gewicht in der rotierenden Verseilmaschine sicher zu bewegen.
Der Fortschritt, der sich durch die bessere Ausnutzung der nur radial beanspruchten Isolierung einer Kabelader erzielen läßt, findet seinen Niederschlag in der unterschiedlichen Bemessung der Isolierungswandstärken von

- Gürtelkabeln einerseits mit beispielsweise 3,7 mm L/M-Isolierung bei 10 kV und
- H- und Mehrmantelkabeln andererseits mit nur 3,2 mm für dieselbe Betriebsspannung.

Massekabel konnten zwar in den Höchstspannungsbereich mit Ausführungen für 60 kV eindringen, bleiben aber in ihrer Anwendung aus ökonomischen Gründen auf Spannungen bis zu 30 kV beschränkt. Beim Übergang zu einer jeweilig höheren Spannungsebene lagen die zu lösenden Schwierigkeiten weniger in der elektrischen Beanspruchung, nach der die Isolierungsdicke zu bemessen ist, als vielmehr in der Festlegung der maximal zulässigen Betriebstemperatur. Im Prinzip wurden mit steigender Betriebsspannung die Betriebstemperaturen immer weiter zurückgenommen, um die Hohlraumbildung in der Isolierung infolge von Lastwechseln in Grenzen zu halten, und damit die Kabelkonstruktionen immer unökonomischer.

### Literatur

*H. W. Droste*, Die historische Entwicklung der Energiekabel im Lichte neuerer Erkenntnisse, KD-Berichte (1950) S. 1–116

*W. Vogel*, Zur Physik der Hochspannungskabel, F & G-Rdsch. (1950) S. 78–88

*W. Ehlers* und *H. Lau*, Kabel-Herstellung, Berlin, Göttingen und Heidelberg 1956

*J. Artbauer*, Kabel und Leitungen, Stuttgart und Berlin 1961

*W. Hetzer*, Starkstromkabel, -Leitungen und -Garnituren, Drahtwelt 58 (1972) S. 591–595

*H. Heumann*, 75 Jahre technische Entwicklung von Starkstromkabeln, El. wirtsch. 75 (1976) S. 732–739

# 12 Mechanismen eines Kabeldurchschlags

## 12.1 Elektrische Beanspruchung der Kabelisolierung

Bei Kabeln mit einer Nennspannung von 1 ... 6 kV wird die Isolierungsdicke in erster Linie unter mechanischen Gesichtspunkten festgelegt. Ab 10 kV ist dann die elektrische Beanspruchung der Kabelisolierung die maßgebende Größe. Durch eine Einzelabschirmung der Adern wird ein Radialfeld in der Isolierung erzwungen, in dem die Feldstärke vom Kabelleiter zur Aderabschirmung hyperbolisch abfällt. Der Grenzfall eines Kondensators mit zwei konzentrischen, zylindrischen Elektroden und einem homogenen Dielektrikum wäre z.B. bei einem Höchstädter-Kabel oder einem Einleiterkabel verwirklicht, wenn diese eindrähtige Rundleiter haben.

Ein homogenes Dielektrikum ist im ungestörten Kabel die Regel. Nur bei einigen speziellen Höchstspannungskabeln werden in Leiternähe Isolierschichten mit einer höheren Dielektrizitätskonstante als im übrigen Dielektrikum eingesetzt. Dadurch wird einmal der Bereich der besonders hohen Feldstärke generell entlastet und zum anderen auch die Spitzenwirkung von lokalen Störstellen an der Übergangsstelle Leiter/Isolierung herabgesetzt. Bei Kabeln mit einer ölimprägnierten Papierisolierung geschieht dies am einfachsten durch Verwendung von Papieren unterschiedlicher Dichte, wie sie durch Mahlung der Papierfasern oder wirkungsvoller durch Kalandrierung der Papierbahnen erzielt werden können. Bei kunststoffisolierten Kabeln wird die Dielektrizitätskonstante des Grundmaterials durch Füllstoffe variiert; die Extrusion der Kabelisolierung erfolgt dann in mehreren Schichten.

Für Feldstärkebetrachtungen bedeutsamer ist der Aufbau der Kabelleiter. In *Sektorleiter*kabeln tritt an den Kanten der Sektoren eine Felststärkeerhöhung ein, die bei der Dimensionierung der Aderisolierung nicht vernachlässigt werden kann. Um nicht den Vorteil eines kompakten Aufbaus von Sektorleiterkabeln durch eine Verstärkung der Isolierungsdicke aufzuheben, ist die Verwendung von Sektorleitern auf Kabel mit Nennspannungen bis zu 10 kV beschränkt. Für höhere Spannungen finden ausschließlich *Rundleiter* Anwendung, deren kreisförmiger Querschnitt gegenüber allen anderen Ausführungsformen bei gleicher Fläche den größten Krümmungsradius hat und daher in bezug auf die elektrische Beanspruchung am günstigsten ist. Ein kreisförmiger Querschnitt ist nur bei eindrähtigen Massivleitern verwirklicht, deren Einsatzbereich sich auf die kleineren Leiterquerschnitte aus Gründen der Kabelbiegbarkeit beschränkt. In Wirklichkeit ist ein Kabelleiter meist aus Einzeldrähten aufgebaut. Aufgrund der kleinen Krümmungsradien der Einzeldrähte in der äußeren Lage des Kabelleiters treten über den Drahtkuppen deutliche Feldstärkeerhöhungen auf.

## 12.2 Leiterglättung durch leitfähige Schichten

Der Potentialverlauf des elektrostatischen Feldes ist leicht im Elektrolytischen Trog oder mit Hilfe von rußhaltigen, leitfähigen Papieren zu ermitteln. H. Heumann fand beispielsweise bei einem 10 kV-Massekabel mit einer Isolierungsdicke von 3,2 mm und einem Leiterquerschnitt von 120 mm$^2$ ($\hat{=}$ 13,4 mm Leiterdurchmesser), daß

- bei einem Drahtdurchmesser von 2,32 mm in der obersten Leiterlage die Feldstärke über der Drahtkuppe um 45 % größer ist als bei einem Leiter mit glatter Oberfläche,
- bei einer Verringerung des Drahtdurchmessers auf 1 mm nicht etwa eine Annäherung an den günstigsten Fall der glatten Zylinderoberfläche eintritt, sondern vielmehr die Feldstärkeerhöhung auf 60 % ansteigt,
- die relative Feldstärkesteigerung auf den Drahtkuppen geringer wird, wenn für höhere Betriebsspannungen die Isolierungsdicke der Kabelader größer gewählt werden muß. Bei 14 mm Isolierung eines 60 kV-Kabels beträgt sie nur noch 28 % gegenüber dem Leiter mit glatter Oberfläche.

Vereinfachend ist immer noch angenommen, daß im Kabeldielektrikum die gleiche Dielektrizitätskonstante herrscht. In den Zwickelräumen eines aus Einzeldrähten verseilten Leiters besteht die Isolierung jedoch nur aus Isolieröl mit einer Dielektrizitätskonstanten von 2,2, während die übrige Isolierung aus ölimprägniertem Papier eine Dielektrizitätskonstante von 3,8 hat. An der Übergangsstelle tritt also ein Sprung der Dielektrizitätskonstanten auf, der eine Veränderung der Feldstärkeverteilung zur Folge hat.

Das Polardiagramm in Bild 12.1 für die Feldstärken am Leiter des erwähnten 10 kV-Massekabels verdeutlicht die Verhältnisse. Während im idealen Zylinderkondensator an der Innenelektrode eine Feldstärke von 2,2 kV/mm herrscht, beträgt sie über der Drahtkuppe bei einem homogenen Dielektrikum schon 3,1 kV/mm. In den ölgefüllten Zwickelräumen zwischen den Leiterdrähten der obersten Drahtlage erreicht die Feldstärke 5,8 kV/mm dort, wo der Zwickel in einen dünnen Ölspalt neben der Leiterkuppe ausläuft. Die Feldstärkeerhöhung entspricht mit 1,7 dem Verhältnis der Dielektrizitätskonstanten 3,8 : 2,2.

Mit einem einfachen Kunstgriff lassen sich diese gefährlichen Feldstärkeerhöhungen ausschalten, indem zur *Glättung der Leiteroberfläche* eine Schicht leitfähiger Kabelpapiere (-bänder) oder leitfähiger PE- oder PVC-Kompounde aufgebracht wird, die in einer lückenlosen Verbindung mit der darauffolgenden Isolierschicht stehen muß. Am günstigsten ist es, den Werkstoff, der zur Isolierung des Kabels ausgewählt wurde, durch spezielle Rußzusätze leitfähig zu machen, da dann die mechanischen Eigenschaften der Isolier- und Leitschichten sehr ähnlich sind. Somit ist die Gefahr einer Spaltbildung an dieser Grenzfläche bei den Beanspruchungen während Fertigung und Verlegung gering. Hohlräume an dieser Grenzfläche, an der die höchste Feldstärke im gesamten Kabeldielektrikum herrscht, würden eine große Gefahr bedeuten, da in ihnen sofort eine Feldstärkeer-

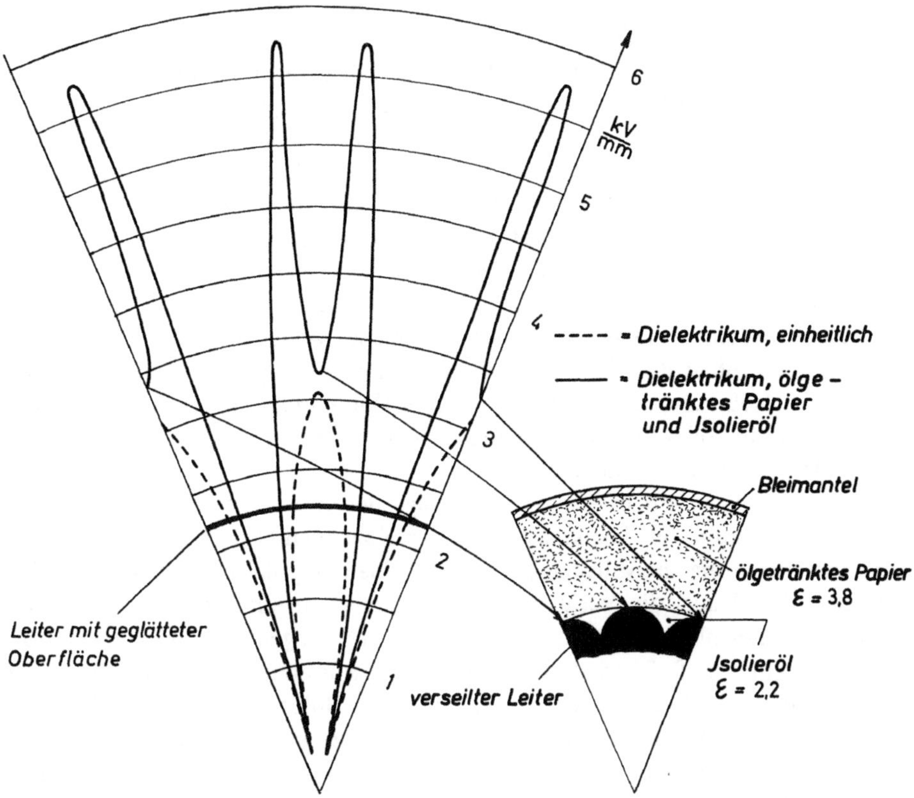


**Bild 12.1** Feldstärkenverteilung am mehrdrähtigen Leiter eines 10 kV-Massekabels, 120 mm² (nach Heumann)

höhung gemäß dem Verhältnis der Dielektrizitätskonstante im Vakuum zu der Dielektrizitätskonstante des Kabelisolierstoffes auftritt. Da die Dielektrizitätskonstante des Vakuums gleich „1" ist, bedeutet eine solche Feldstärkeerhöhung von 400 % bei Papierkabeln oder sogar von 800 % bei PVC-Kabeln meist den alsbaldigen Kabeldurchschlag.

## 12.3 Hohlraumbildung im Betrieb eines Kabels

Kritische Grenzen kann die örtliche Feldstärke in der Kabelisolierung immer dort erreichen, wo in einem Hohlraum die *Glimmeinsetzspannung* für eine Gasentladung überschritten wird. Solche Hohlräume entstehen durch

- eine mangelhafte Fertigung,
- mechanische Beanspruchungen während der Fertigung oder Verlegung und
- thermische Lastschwankungen im Kabelbetrieb.

Feststoffisolierte Kabel sind zunächst weniger gefährdet als die klassischen Kabel mit einer masseimprägnierten Papierisolierung. Aber auch bei PVC- und PE-isolierten Kabeln offenbart es sich unter Lastzyklen, ob die Isolierstoffschmelze nach der Extrusion im

spannungsfreien Zustand abgekühlt ist. Vor allem bei dem kristallinen Polyäthylen mit seinem hohen Ausdehnungskoeffizienten bilden sich längs der Grenzen der Kristallitbereiche leicht Lockerungen im Gefüge, von denen die Kabelstörungen ausgehen.
Die Isolierung eines Massekabels weist etwa gleiche Raumteile Papier und Tränkmasse auf. Eine Strombelastung des Kabels, die zu einer Erwärmung von 50 K führen würde, hätte eine Volumausdehnung der Masse um 4 % zur Folge. Dieser Erwärmung entspricht eine Vergrößerung im Umfang des Bleimantels um 0,13 %, d.h. das von ihm umschlossene Volumen wächst um 0,26 %. Die sich ausdehnende inkompressible Masse übt daher einen hohen Druck auf den Bleimantel aus, den dieser nicht elastisch aufnehmen kann. Er wird vielmehr plastisch auf einen größeren Durchmesser aufgeweitet. Beim Abkühlen des Kabels in lastschwachen Perioden zieht sich die Masse wieder auf das ursprüngliche Volumen zusammen, ohne daß der aufgeweitete Bleimantel folgt. Infolgedessen bilden sich innerhalb der Isolierung ungleichmäßig verteilte Hohlräume, die nur mit Luftresten aus der Papierisolierung oder Dämpfen niedrig siedender Ölbestandteile unter sehr geringem absoluten Druck angefüllt sind.
Diese Hohlraumbildung in einem Massekabel infolge der unterschiedlichen thermischen Ausdehnungskoeffizienten der Tränkmasse und des Kabelmantels läßt sich leicht durch eine *Verlustfaktormessung* in Abhängigkeit von der Spannung nachweisen. Während bei einem jungfräulichen Kabel die Verlustfaktorkurve nur leicht mit der Spannung infolge der stärkeren Ionenbeschleunigung ansteigt, weist sie nach einigen Lastzyklen einen deutlichen Ionisationsknick auf. Oberhalb dieses Ionisationseinsetzpunktes steigt die Kurve steil an infolge der freien Entladungen in den gebildeten Hohlräumen. Mit zunehmender Anzahl der Lastzyklen verlagert sich der Ionisationsknick zu immer niedrigeren Spannungen und unterschreitet schließlich die Betriebsspannung des Kabels. Dann ist der endgültige Kabeldurchschlag nur noch eine Frage der Zeit.
Eine Gegenprobe kann durch Verlustfaktormessungen während der Lastzyklen gemacht werden. Mit zunehmender Temperatur läßt die Ionisierung nach, um schließlich bei Erreichung der Höchsttemperatur ganz aufzuhören. Die sich ausdehnende Tränkmasse hat dann alle Hohlräume wieder ausgefüllt.

### 12.4 Glimmentladungsdurchschlag

Die genaue Ausmessung der Verlustfaktorkurve eines Massekabels nach der Wiederabkühlung zeigt nicht einen plötzlichen, unstetigen Knick bei einer bestimmten Meßspannung. Vielmehr ist aus dem zunehmend schnell stärker werdenden Anstieg der Verluste zu schließen, daß in einer größeren Anzahl von Hohlräumen die Ionisierung nicht überall gleichzeitig beginnt.
Eine mit Hohlräumen durchsetzte massegetränkte Papierisolierung bedeutet zwei hintereinander geschaltete Dielektrika, die im elektrischen Feld umgekehrt proportional ihren Dielektrizitätskonstanten beansprucht werden. So kann also bereits bei verhältnismäßig niedrigen Feldstärken in der Kabelisolierung eine Ionisierung in den Hohlräumen einsetzen.
Die bei diesen Gasentladungen umgesetzte, das Dielektrikum schädigende Energie hängt ab

- von der Größe der Hohlräume,
- der Art ihrer Begrenzungsflächen, ob leitend oder isolierend,

- der Spannung über den einzelnen Hohlräumen und
- dem Widerstand des Kabeldielektrikums, der mit dem Hohlraum in Reihe liegt und den Entladungsstrom begrenzt.

Die größten Hohlräume bilden sich an der Inhomogenitätsstelle Leiter/Isolierung aus, da

- einmal hier die Temperaturzyklen infolge des Wärmeabflusses vom Kabelleiter in die Umgebung am größten sind, und
- zum anderen der geringe Tränkmittelvorrat des Leiters, der bei einem Massivleiter sogar ganz fehlt, einen Puffereffekt nicht zustande kommen läßt.

Da zudem die elektrische Feldstärke vom Kabelleiter zum Kabelmantel hin abfällt, bleiben die Gasentladungen im Inneren der Kabelisolierung meist auf ein schwächeres Glimmen beschränkt, welches jedoch die Tränkmassen zersetzen und zu Polymerisationsprodukten, dem sogenannten Kabelkäse oder Kabelwachs, führen kann.

Im Bereich der höchsten Feldstärke am Kabelleiter fallen bevorzugt die Stoßfugen zwischen den Windungen des innersten Kabelpapieres trocken, so daß alsbald das diese Stoßfuge abschließende zweite Kabelpapier erodiert und schließlich durchbohrt wird. Da dadurch der Gasentladungsraum und die Energie der Entladungsvorgänge vergrößert werden, können weitere Papiere durchbohrt und schließlich größere Glimmkanäle gebildet werden.

Aus solchen *Glimmkanälen* entwachsen schnell Glimmfiguren in longitudinaler Richtung parallel zur Papierschichtung, in der die elektrische Festigkeit nur etwa 1/15 derjenigen in radialer Richtung beträgt. Infolge des geringen Widerstandes der gezündeten Gasentladung hat der gesamte Glimmkanal etwa Leiterpotential, so daß eine Verzerrung des elektrischen Feldes eintritt. Im Elektrolytischen Trog etwa kann der Verlauf der Äquipotentiallinien ausgemessen und als Auswertung das Verhältnis der Feldstärke in Kabellängsrichtung zu der in radialer Richtung bestimmt werden, wie es Bild 12.2 zeigt.

Die Longitudinalkomponente der Feldstärke ist über der Spitze des Glimmkanals und im ungestörten Kabelfeld Null, unmittelbar neben der Glimmkanalspitze hat sie ein beachtliches Maximum. Die mit länger werdendem Glimmkanal wachsenden longitudinalen Feldstärkekomponenten bewirken, daß die Gasentladung aus dem radialen Kanal sich in Kabellängsrichtung auszudehnen strebt. Es kommt zu großflächigen *Glimmfiguren* in der Mitte der Kabelisolierung, aus denen sich schließlich der endgültige Kabeldurchschlag entlang der Stoßfugen der äußeren Kabelpapierlagen entwickelt.

Kennt man diesen Durchschlagmechanismus, so können Maßnahmen ergriffen werden, um

- durch eine Beschränkung des Temperaturspiels die Hohlraumbildung einzugrenzen und
- durch eine entsprechende Isolierungsdicke die Feldstärke unterhalb der Ionisationseinsetzfeldstärke zu halten.

### 12.5 Wärmedurchschlag

Ein Glimmentladungsdurchschlag ist in einem Kabel nicht sehr häufig, da in der Regel die Strombelastung ständigen Schwankungen unterworfen ist. Jede erneute Bewegung der Tränkmasse verändert die Hohlraumausbildung und schafft neue Ionisationsbedingungen, so daß die Zeit zur örtlichen Schädigung der Isolierung selten ausreicht. Häufiger wird es sein, daß die Gasentladungen wegen ihrer zusätzlichen Erwärmung des Kabeldielektrikums zu einem Wärmedurchschlag beitragen.

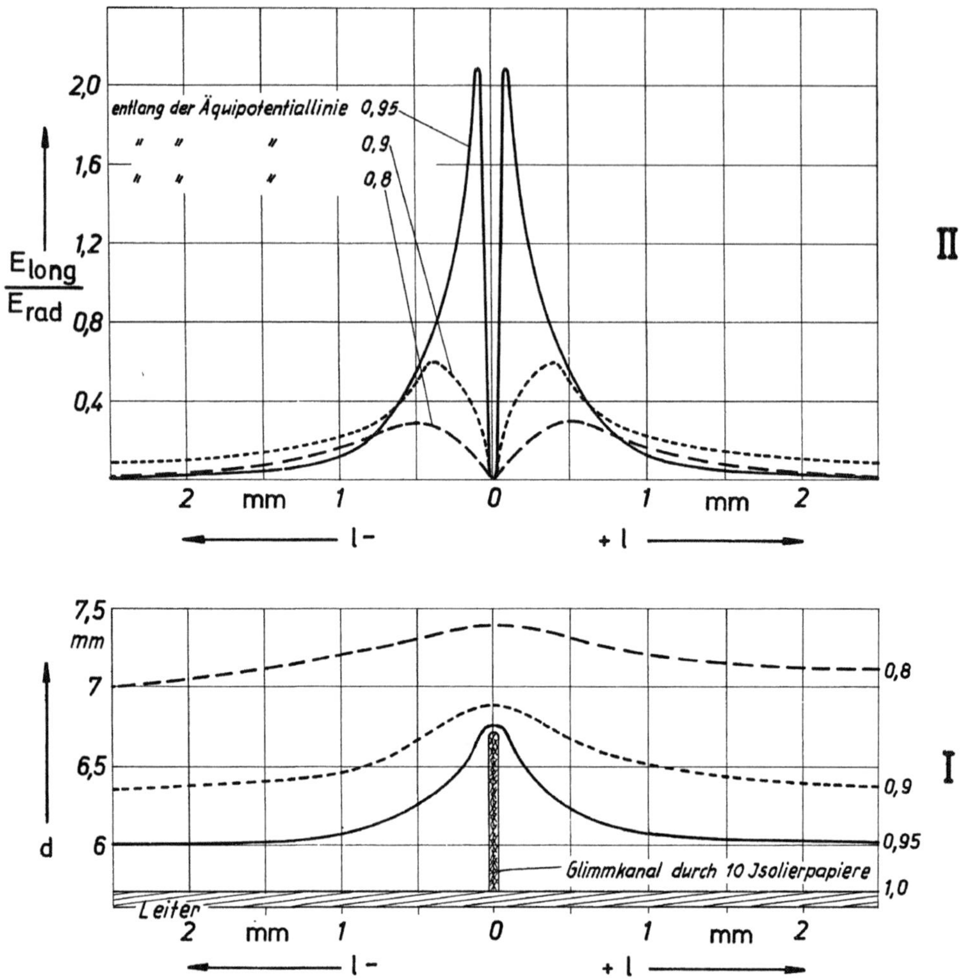


**Bild 12.2** Verzerrung des elektrischen Feldes durch einen Glimmkanal in einem 60 kV-Massekabel, 95 mm² (nach Heumann)

I Verlauf der Äquipotentiallinien in der gestörten Isolierung

II Verhältnis der longitudinalen zu den radialen Feldstärkekomponenten

Ein Wärmedurchschlag erfolgt dann, wenn im Kabel mehr *Verlustwärme* entsteht, als unter den gegebenen Wärmeableitungsverhältnissen an die Umgebung abgegeben werden kann. Unter diesen Umständen wird nämlich die Kabelisolierung so lange immer weiter aufgeheizt, bis sie sich thermisch zersetzt und ihre Isolierfähigkeit verliert.

Trägt man in einem Diagramm (Bild 12.3) die Wärmemengen über der Temperatur des Dielektrikums auf, so wird

- die erzeugte Wärmemenge mit der Temperatur überproportional anwachsen, da insbesondere die dielektrischen Verluste stark temperaturabhängig sind, während
- die an die Umgebung abführbare Wärmemenge proportional der Temperaturdifferenz zwischen Kabel und Umgebung ist.

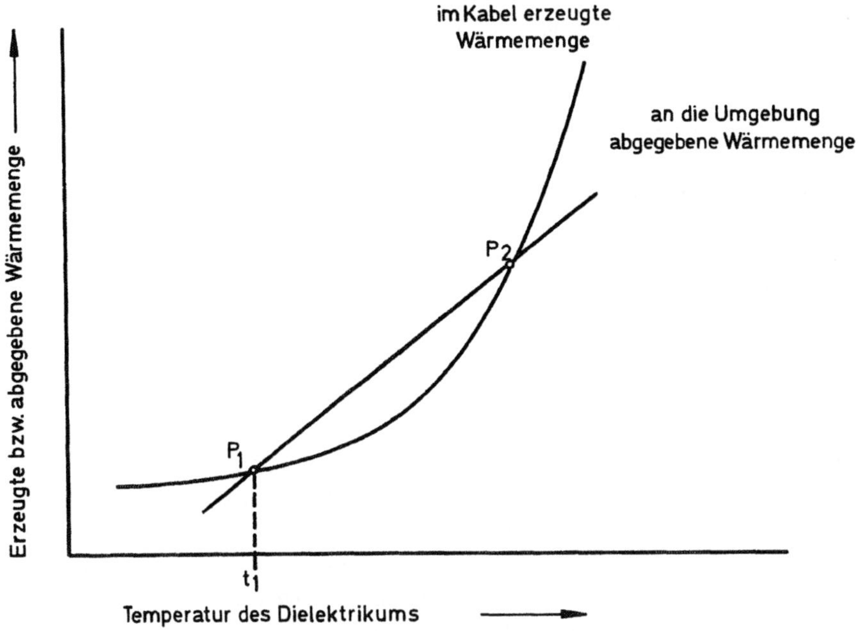


**Bild 12.3** Schematische Darstellung der thermischen Verhältnisse beim Wärmedurchschlag eines Kabels
1 im Kabel erzeugte Wärmemenge, 2 an die Umgebung abführbare Wärmemenge

Liegt die Temperatur unterhalb $t_1$, wird sich das Kabel erwärmen, bis im Punkt $P_1$ die Temperatur $t_1$ erreicht ist und so viel Wärme abgeführt wie erzeugt wird. In diesem Fall ist das Kabel in einem stabilen Gleichgewichtszustand. Auch im Punkt $P_2$ entspricht die erzeugte Wärmemenge der abführbaren Wärmemenge. Das Kabel ist hier aber nur noch in einem *labilen Gleichgewicht*, da jede weitere Temperaturerhöhung die Verlustwärme anwachsen läßt. Das Kabel wird sich beschleunigt so weit aufheizen, bis das thermisch geschädigte Dielektrikum unter der anliegenden Spannung zusammenbricht.

## Literatur

*G. Buss* und *H. Heumann*, Übersicht über den Stand der Höchstspannungskabeltechnik im In- und Ausland, El. wirtsch. 49 (1950) S. 5–10

*W. Claußnitzer* und *H. Heumann*, Bestimmung einiger Potentialfelder in Kabeln an Modellen aus halbleitendem Papier, F & G-Rdsch. (1950) S. 122–127

*H. Heumann*, Über die Ausbreitung von Glimmspuren in Hochspannungs-Massekabeln, F & G-Rdsch. (1952) S. 25–30

*H. Heumann*, Theoretische Untersuchungen zum Wärmedurchschlag in Hochspannungskabeln, VDE-Fachber. 16 (1952) S. I/36–42

*W. Ehlers* und *H. Lau*, Kabelherstellung: Kabelaufbau, Werkstoffe, Verfahrenstechnik, Berlin, Göttingen und Heidelberg 1956

*J. Artbauer*, Kabel und Leitungen, Stuttgart und Berlin 1961

# 13 Strombelastbarkeit von Energiekabeln

## 13.1 Wärmebilanz eines Kabels

Da die Betriebssicherheit eines Kabels die Festlegung von Grenztemperaturen erforderlich macht, die in keiner Betriebsphase und an keiner Stelle des Kabels überschritten werden dürfen, müssen die Zusammenhänge zwischen der Kabelerwärmung und der verursachenden Strombelastung geklärt werden. Für die Kabelerwärmung sind die verschiedenen Verluste verantwortlich, die bei der Übertragung der elektrischen Energie in den metallenen Aufbauelementen und in der Isolierung entstehen. Folgende *Wärmequellen sind zu unterscheiden:*

- Im Leiter treten Verluste infolge des ohmschen Leiterwiderstandes sowie des Skineffektes auf, zu denen bei geringem Abstand der stromführenden Leiter noch die Proximity-Verluste hinzukommen.
- In der Isolierung entstehen dielektrische Verluste, hervorgerufen durch eine geringe Restleitfähigkeit der Isoliermaterialien und von Schwingungen ihrer Dipolmoleküle im elektrischen Feld. Sie sind im Gegensatz zu den übrigen, vom Belastungsstrom des Kabels abhängigen Verlusten dem Quadrat der Spannung proportional. Bei den hochwertigen Isolierstoffen, die heute in der Kabeltechnik verwendet werden, spielen sie jedoch erst bei Höchstspannungskabeln eine gewisse Rolle.
- In den metallenen Kabelmänteln führen Induktions- und Wirbelströme zu Verlusten, von denen erstere jedoch durch eine isolierte Verlegung der Kabel unterdrückt werden können. Wird diese Maßnahme durchgeführt, so darf nicht übersehen werden, daß dann an den Kabelenden je nach Streckenlänge beachtlich hohe induzierte Spannungen anstehen können.
- Weitere Verluste durch Induktions- und Wirbelströme ergeben sich, wenn die Kabelmäntel eine Druckschutzbandage oder eine Bewehrung haben. Da die Bewehrung üblicherweise aus Stahlband oder -draht aufgebaut ist, kommen hier dann auch noch Magnetisierungsverluste hinzu.

Die durch diese Verluste erzeugten Wärmemengen fließen vom Ort ihrer Entstehung radial zur kühleren Umgebung des Kabels ab. Die auftretende Temperaturerhöhung $\Delta\vartheta$ ist dabei der Wärmemenge N proportional; der Proportionalitätsfaktor wird als *Wärmewiderstand* T bezeichnet. Es gilt also der zum Ohm'schen Gesetz analoge Ansatz:

$$\Delta\vartheta = N \cdot T.$$

Es ist üblich, die Betrachtungen auf eine Längeneinheit in Kabellängsrichtung zu beziehen, also N in W/cm und T in K · cm/W anzugeben. In Analogie zum elektrischen Widerstand wird die Dimension K/W des Wärmewiderstandes oft auch kurz als „thermisches Ohm" bezeichnet.

Infolge der hohen Wärmeleitfähigkeit der Metalle bilden die metallenen Aufbauelemente eines Kabels Isothermen; außerdem sind ihre Wärmewiderstände so klein, daß sie vernachlässigt werden können. Wird jetzt der zweite Kirchhoff'sche Satz auf die Temperaturdifferenzen über den einzelnen Kabelaufbauelementen angewendet, besteht die Möglichkeit, die *Erwärmung des Kabels* zu berechnen. Zweckmäßigerweise werden die Kabelaufbauelemente von innen nach außen durchnumeriert und die Wärmewiderstände der nicht-

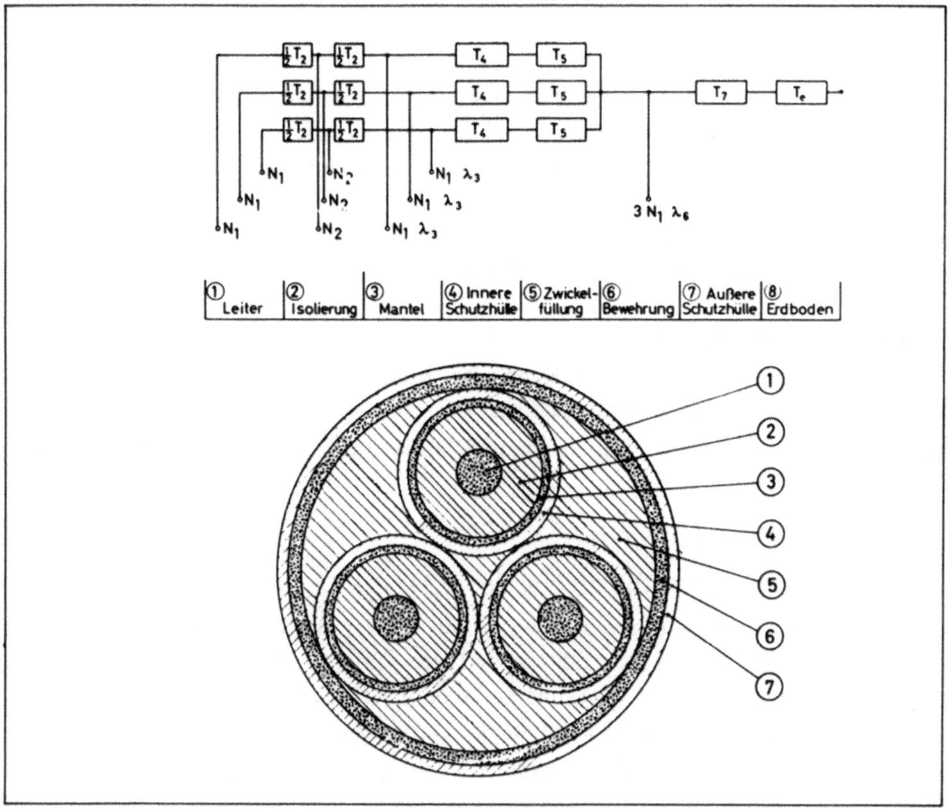


**Bild 13.1** Wärmequellen und Wärmefluß in einem bewehrten Dreimantelkabel

metallenen Elemente entsprechend, sowie die Verluste gemäß ihrem Entstehungsort indiziert. Gemäß Bild 13.1 ergibt sich dann bei einem bewehrten Dreimantelkabel, das in Erde verlegt ist, für die Erwärmung $\Delta\delta$ (in K) eines jeden der drei Leiter gegenüber der Umgebungstemperatur:

$$\begin{aligned}\Delta\vartheta &= \Delta\vartheta_{13} + \Delta\vartheta_{36} + \Delta\vartheta_{68}\\ &= \{N_1 + \tfrac{1}{2} N_2\} \cdot T_2 + \{N_1(1+\lambda_3) + N_2\} \cdot [T_4 + T_5]\\ &\quad + \{N_1(1+\lambda_3+\lambda_6) + N_2\} \cdot [3T_7 + 3T_e].\end{aligned}$$

In vereinfachender Weise werden die dielektrischen Verluste, die nach Maßgabe der örtlichen Feldstärke über das ganze Dielektrikum verteilt entstehen und sich in ihren Auswirkungen auf den Wärmestrom dabei summieren, so zusammengefaßt, als ob sie in voller Höhe in der Mitte der Isolierung aufträten und sich nur über den halben Wärmewiderstand der Isolierung auswirkten.

Bedenkt man, daß

$$N_1 = I^2 \cdot R_\sim ,$$

so ergibt sich aus der letzten Gleichung die Möglichkeit, den Strom I (in A) zu berechnen, der bei bekanntem Wechselstrom-Widerstand $R_\sim$ des Kabels (in Ω/cm) zu einer vorgegebenen Temperaturerhöhung $\Delta\vartheta$ des Leiters führt. Es müssen dazu bekannt sein

- die betriebsabhängigen Verluste,
- die durch die Kabelkonstruktion vorgegebenen inneren Wärmewiderstände und
- der oft schwierig festzulegende äußere Wärmewiderstand der Kabelumgebung.

## 13.2 Berechnung der Verluste

Zur Bestimmung der Verluste, die im Kabelleiter entstehen, muß man den *Wechselstromwiderstand* $R_\sim$ kennen. Dieser ergibt sich aus

- dem Gleichstromwiderstand R in Ω/cm, der für die höchstzulässige Betriebstemperatur $\vartheta_{max}$ zu errechnen ist gemäß

  $$R = R_{20}\,[1 + \alpha_{20}\,(\vartheta_{max} - 20)],$$

  wobei: $\alpha_{20}$ Temperaturkoeffizient (Tabelle 13.1),

- und zwei additiven Gliedern $y_s$ und $y_p$, durch die der zusätzliche Widerstand infolge der induktiven Beeinflussung erfaßt wird. Diese führt zu einer Stromverdrängung in die äußeren Leiterschichten (bekannt als *Skineffekt*) bzw. zu einer asymmetrischen Stromverteilung bei Mehrleiterkabeln, die als *Proximity-Effekt* bezeichnet wird.

Für den Wechselstromwiderstand bei maximal zulässiger Betriebstemperatur gilt also der Ansatz

$$R_\sim = R\,(1 + y_s + y_p).$$

Sowohl der Skineffekt-Faktor $y_s$ als auch der Proximity-Effekt-Faktor $y_p$ sind mit Hilfe von Bessel-Funktionen für die geometrischen Abmessungen, die bei Kabeln in Frage kommen, exakt angebbar. Ihr Einfluß nimmt mit steigendem Leiterquerschnitt zu; bei der üblichen Frequenz von 50 Hz und den gängigen Leiterquerschnitten bis zu 300 $mm^2$ ist der Unterschied zum Gleichstromwiderstand selten größer als 5 %. Es sei noch erwähnt, daß der Proximity-Effekt natürlich auch bei benachbarten Einleiterkabeln auftritt und umso geringer wird, je größer deren Abstand ist.

Dieser Wechselstromwiderstand $R_\sim$ des Kabelleiters ist ein wichtiger Wert zur Bestimmung der Kabelbelastbarkeit gemäß der Grundformel aus Abschnitt 13.1. Für den Planer und Betreiber einer Kabelanlage ist aber der *Wirkwiderstand* des Kabels bedeutsamer:

$$R_w = R + \Delta R,$$

wobei der Zusatzwiderstand

$$\Delta R = R\,[y_s + y_p + (1 + y_s + y_p)\,(\lambda_3 + \lambda_6)]$$

die am Kabel meßbare Erhöhung des Leiterwiderstandes infolge aller stromabhängigen Wechselstromverluste angibt.

Dies sind

- neben den Verlusten im Leiter durch Skin- und Proximity-Effekt,
- auch noch *Verluste* $\lambda_3$ durch Induktions- und Wirbelströme *im Kabelmantel* und
- *Verluste* $\lambda_6$ durch Wirbelströme und Ummagnetisierung *in der Bewehrung*.

Formeln zur Berechnung dieser Verluste sind in der IEC-Publication 287 zusammengestellt für

- Einleiterkabel in verschiedenen Verlegeanordnungen und
- Dreileiterkabel mit gemeinsamen Mantel oder Einzelmänteln.

Die meisten sind empirisch ermittelt und recht kompliziert. Allgemein kann gesagt werden, daß Mantel- und Bewehrungsverluste bei Drei*leiter*kabeln mit einem gemeinsamen Metallmantel fast immer vernachlässigbar sind, da das äußere magnetische Feld der stromführenden Leiter praktisch gleich Null ist. Zu beachten sind sie jedoch bei Drei*mantel*kabeln und besonders bei einadrigen Kabeln, bei denen sie durchaus 10 ... 20 % der ohmschen Leiterverluste betragen können. Die Bewehrung einadriger Kabel müßte dann aber auch bereits aus unmagnetischem Stahl bestehen.
Eine weitere Wärmequelle bilden die *Verluste in der Isolierung*, die im Unterschied zu den bisher behandelten Verlusten aber nicht mehr vom Belastungsstrom des Kabelleiters abhängen, sondern vielmehr dem Quadrat der Übertragungsspannung U proportional sind:

$$N_2 = U^2 \cdot \omega C \cdot \tan\delta .$$

Der dielektrische Verlustfaktor $\tan\delta$ ist eine temperatur- und spannungsabhängige Materialgröße.
Da sich die Kapazität C von Massekabeln in verhältnismäßig engen Grenzen bewegt, ungefähr 1 ... 3 pF/cm, und der dielektrische Verlustfaktor zwischen $2 \cdot 10^{-3}$ und $10 \cdot 10^{-3}$ liegt, ist ersichtlich, daß die dielektrischen Verluste hauptsächlich bei hoher Spannung von Einfluß sind, da sie mit dem Quadrat der Spannung wachsen. Auch bei hochwertigen Höchstspannungskabeln sind die dielektrischen Verluste schon verhältnismäßig hoch und können z.B. bei 110 kV-Kabeln bis zu 0,02 W/cm Leiterlänge ansteigen, d.h. etwa 5 ... 10 % der Stromwärmeverluste betragen. Je höher die Betriebsspannung der Kabel ist, um so wichtiger ist es, den Verlustfaktor durch entsprechende Materialauswahl so klein wie möglich zu halten, da dies die einzige Möglichkeit ist, die dielektrischen Verluste herabzusetzen.
Bei einem Vergleich der Stromwärmeverluste mit den dielektrischen Verlusten zeigt sich, daß erstere mit dem Quadrat des Stromes, letztere mit dem Quadrat der Spannung ansteigen, wobei aber die dielektrischen Verluste auch bis zu den höchsten Spannungen immer niedriger sind als die Stromwärmeverluste. Hieraus ergibt sich, daß die Anwendung hoher Spannungen zur Übertragung von großen Energiemengen in jedem Fall zweckmäßiger ist als eine Stromerhöhung.

## 13.3 Innere Wärmewiderstände eines Kabels

Die durch diese Verluste erzeugten Wärmemengen fließen vom Ort ihrer Entstehung zur kühleren Umgebung des Kabels ab und haben dabei verschiedene Wärmewiderstände zu überwinden, deren Größe von der Kabelkonstruktion abhängig ist. Metallene Aufbau-

elemente in den Hüllen haben eine so geringe wärmedämmende Wirkung, daß sie vernachlässigt werden kann.
Der Wärmewiderstand eines Kabels setzt sich immer aus mehreren Teilwiderständen zusammen; im Falle des in Bild 13.1 dargestellten Dreimantelkabels ist er:

$$T = T_2 + T_4 + T_5 + T_7 .$$

Exakt ist der Wärmewiderstand nur für den einfachen Fall einer Dämmschicht zwischen zwei konzentrischen metallenen Aufbauelementen zu berechnen. Es gilt dann in genauer Analogie zum Isolationswiderstand eines Zylinderkondensators mit den Durchmessern $d_a > d_i$:

$$T_x = \frac{\sigma_x}{2\pi} \ln \frac{d_a}{d_i} .$$

Im Beispiel des Dreimantelkabels wären so die Wärmewiderstände $T_2$ und $T_7$ errechenbar.
Grundsätzlich kann jeder Wärmewiderstand als ein Produkt aufgefaßt werden, das gebildet wird

- aus einer *Materialkonstanten* $\sigma_x$, die als spezifischer Wärmewiderstand bezeichnet wird und die Dimension K · cm/W hat, und
- einem dimensionslosen *Geometriefaktor* $G_x$, der vom Kabelaufbau abhängig ist:

$$T_x = \frac{\sigma_x}{2\pi} \cdot G_x .$$

Für den Wärmewiderstand der Isolierung kann der Geometriefaktor exakt angegeben werden bei *Einleiterkabeln* und bei *Mehrmantelkabeln*. Er beträgt:

$$G_2 = \ln\left(1 + \frac{2\delta}{D_L}\right),$$

wobei:

$D_L$ Leiterdurchmesser in mm
$\delta$ Isolierungsdicke in mm

Für den Wärmewiderstand der Isolierung von Mehrleiterkabeln, wie es die Gürtelkabel und die Höchstädter-Kabel sind, ist man dagegen auf Näherungslösungen angewiesen. Sie beruhen auf der Substitution der Leiterisothermen durch eine gemeinsame im Kabelmantel konzentrisch gelegene Isotherme, so daß man wieder den Fall des Einleiterkabels hat. Für den substituierten Durchmesser gilt nach G. Mie im Fall von z.B. Gürtelkabeln mit n Rundleitern, aber nur bei kleinen Leiterquerschnitten mit einer sehr dünnen oder aber sehr dicken Leiterisolierung:

$$d' = d_u \cdot \sqrt[n]{\frac{n \cdot D_L}{d_u + (n-1) \cdot D_L}}$$

wobei:

$d_u$ Durchmesser des die Leiter umschreibenden Kreises.

In den 20er Jahren führte D. M. Simons Versuche durch und gab Korrekturen für die Mie'schen Formeln an. Aber auch mit diesen Korrekturen ist die rechnerische Ermittlung des Wärmewiderstandes der Isolierung von Mehrleiterkabeln jeweils nur in einem kleinen Bereich von befriedigender Genauigkeit. Es ist deshalb üblich geworden, den Geometriefaktor $G_2^G$ für den Wärmewiderstand der Isolierung von *Gürtelkabeln* graphischen Darstellungen zu entnehmen. Diese beruhen auf den Messungen von Simons und sind später von anderen Autoren mehrfach überprüft worden.
Bei H-Kabeln zeigen genauere Untersuchungen, daß auch die tangentiale Wärmeleitung über den Höchstädter-Schirm berücksichtigt werden muß. Solche Schirmfaktoren S sind ebenfalls experimentell ermittelt und in graphischen Darstellungen niedergelegt. Es gilt also für den Geometriefaktor eines *H-Kabels*:

$$G_2^H = G_2^G \cdot S,$$

wobei:

$G_2^G$ Geometriefaktor eines Gürtelkabels (und zwar in diesem Falle ohne Gürtelisolierung),
S Schirmfaktor in Abhängigkeit von der Leitfähigkeit des Höchstädter-Schirmes.

Der Wärmewiderstand der *äußeren Schutzhüllen* über einem gemeinsamen Mantel oder einer gemeinsamen Bewehrung ist bei Kenntnis des äußeren Durchmessers $D_a$ und des inneren Durchmessers $D_i$ der Schutzhüllen wieder leicht exakt zu berechnen:

$$T_7 = \frac{\sigma_7}{2\pi} \ln \frac{D_a}{D_i}.$$

Anders ist es dagegen mit den Wärmewiderständen der *inneren Schutzhülle* und der *Zwickelfüllung* bei Mehrmantelkabeln. Hier ist man wiederum darauf angewiesen, aus graphischen Darstellungen von Meßergebnissen einen (gemeinsamen) Geometriefaktor zu entnehmen, wobei vorausgesetzt wird, daß der spezifische Wärmewiderstand dieser beiden Kabelelemente gleich ist.

## 13.4 Äußerer Wärmewiderstand bei Luftverlegung

Ist ein Kabel in Luft verlegt, so wird die im Kabel erzeugte Verlustwärme an der Kabeloberfläche durch Strahlung und durch Konvektion an die Umgebung abgegeben. Diese Wärmemenge N (in W/cm) ist nach dem Newton'schen Abkühlungsgesetz proportional der Kabeloberfläche F (in $cm^2/cm$) und dem Temperaturunterschied $\Delta\vartheta$ (in K) zwischen Kabeloberfläche und Umgebung:

$$N = \alpha \pi D \Delta\vartheta.$$

Die Proportionalitätskonstante $\alpha$ mit der Dimension $W \cdot cm^{-2} \cdot K^{-1}$ wird als *Wärmeübergangszahl* bezeichnet. Für ein Kabel mit dem Durchmesser D (in cm) beträgt demnach der Wärmewiderstand der Umgebung je Längeneinheit in Kabellängsrichtung:

$$T_L = \frac{\Delta\vartheta}{N} = \frac{1}{\pi D \alpha}.$$

In einem Ersatzschaltbild für die abfließende Verlustwärme und die durch sie hervorgerufene Temperaturerhöhung muß der äußere Wärmewiderstand eines in Luft verlegten Kabels durch zwei parallel geschaltete Wärmewiderstände dargestellt werden, die der Konvektion und der Strahlung entsprechen. Sinngemäß setzt sich auch die Wärmeübergangszahl aus Anteilen für Konvektion und Strahlung zusammen:

$$\alpha = \alpha_k + \alpha_s .$$

Beide Wärmeübergangszahlen ändern sich mit der Temperatur, so daß der Wärmewiderstand der Luft und die Erwärmung der Kabeloberfläche voneinander abhängig sind und nur in einem Iterationsverfahren ermittelt werden können. Darüber hinaus ist

- die Wärmeübergangszahl für die *Strahlung* von der Beschaffenheit und dem Material der äußeren Schutzhülle des Kabels abhängig, die Einfluß auf das Emissionsvermögen haben, und
- die Wärmeübergangszahl für die *Konvektion* ist maßgeblich von der Lage des Kabels im Raum und dem sich bildenden Strömungsfeld bestimmt. Eine behinderte Luftströmung sowie stark reflektierende Begrenzungen des umgebenden Raumes können die Wärmeabgabe beeinträchtigen.

### 13.5 Äußerer Wärmewiderstand bei Erdverlegung

Ein im Erdboden verlegtes Kabel gibt seine Verlustwärme letztendlich auch an die Atmosphäre ab, und zwar über

- den Wärmewiderstand des Erdbodens $T_e$ und
- den Wärmeübergangswiderstand an der Bodenoberfläche.

Vereinfachend wird angenommen, daß

- der spezifische Wärmewiderstand des Erdbodens g und ebenso
- die Temperatur des Erdbodens $\vartheta_e$ konstant sind und
- der Übergangswiderstand an der Bodenoberfläche vernachlässigt werden kann.

Das Kabel A mit einem Durchmesser D und einer Verlegetiefe $l$ wird in Bild 13.2 als Quelle aufgefaßt, welcher eine zur Bodenoberfläche spiegelbildlich gelegene Senke A′ mit dem Abstand $l' = l$ zugeordnet ist. Unter dieser Voraussetzung bilden die Isothermen exzentrisch gelagerte Zylinder, und man erhält die Erwärmung $\Delta\vartheta_x$ eines Punktes x bezogen auf die Erdbodentemperatur $\vartheta_e$ mit

$$\Delta\vartheta_x = N \frac{g}{2\pi} \ln \frac{c'}{c} ,$$

wobei:

c Abstand des Punktes x von der Quelle A,
c′ Abstand des Punktes x von der Senke A′.

Unter der Voraussetzung, daß für einen Punkt auf der Kabeloberfläche gilt:

$$c = \frac{D}{2} \quad \text{und} \quad c' \approx 2\,l,$$

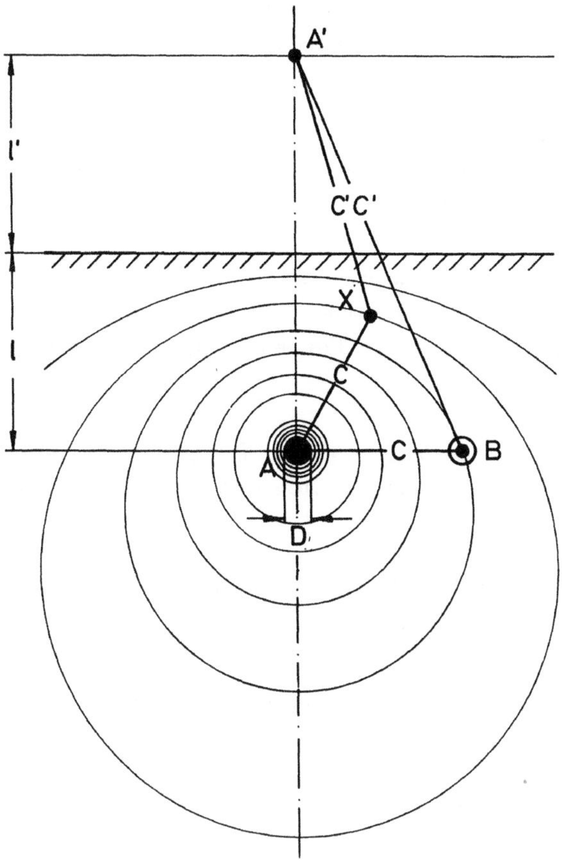


**Bild 13.2**
Ableitung einer Näherungsformel für den äußeren Wärmewiderstand eines in Erde verlegten Kabels

erhält man für den *äußeren Wärmewiderstand* eines in Erde verlegten Kabels die üblicherweise benutzte Näherungsformel:

$$T_e = \frac{g}{2\pi} \cdot \ln \frac{4l}{D}.$$

Der äußere Wärmewiderstand kann also wiederum als ein Produkt aus einem Geometriefaktor und einer Materialkonstanten angesehen werden.
Bei einer *Häufung* im Erdboden verlegter Kabel interessiert vor allem die Temperaturerhöhung desjenigen Kabels, das infolge seiner Lage am wärmsten wird. Die gegenseitige Erwärmung der Kabel kann formal als eine Erhöhung des äußeren Wärmewiderstandes dieses Einzelkabels aufgefaßt werden, so daß $T_e$ durch entsprechende weitere Glieder zu ergänzen ist. Diese Betrachtungsweise hat den Vorteil, daß neben der gegenseitigen Erwärmung durch die Leiterverluste gleichzeitig auch die gegenseitige Erwärmung durch die zusätzlichen Verluste im Kabelmantel und der Bewehrung erfaßt werden. Solche Formeln für einen fiktiven äußeren Wärmewiderstand eines Einzelkabels bei einer Kabelhäufung gelten zunächst nur für gleiche Belastung aller Kabel der Anordnung. Ist dies nicht der Fall, so ist jedoch lediglich in jedes Glied der entsprechenden Formel ein kon-

stanter Korrekturfaktor einzusetzen. Dieser ist gegeben durch das Verhältnis aus der in jedem einzelnen Kabel erzeugten Wärmemenge $N_i$ zu der Wärmemenge N des Kabels, dessen äußerer Wärmewiderstand bestimmt werden soll.

### 13.6 Konstanten in der Belastbarkeitsgleichung

Nachdem jetzt die Zusammenhänge geklärt sind, um die in einem Kabel entstehenden Wärmeverluste und die Wärmewiderstände, durch die sie in die Umgebung abgeleitet werden müssen, zu ermitteln, können

- die auftretende Leitertemperatur bei einem vorgegebenen Strom oder
- die zulässige Stromstärke bei einer vorgegebenen, maximal zulässigen Leitertemperatur

berechnet werden, wenn Einvernehmen über die in den Formeln zu berücksichtigenden Materialkonstanten besteht.

Unproblematisch sind

- der spezifische elektrische Widerstand der metallenen Kabelaufbauelemente und dessen Temperaturabhängigkeit, die zur Berechnung der stromabhängigen Verluste benötigt werden (Tabelle 13.1),

**Tabelle 13.1** Eigenschaften metallener Kabelaufbauelemente gemäß IEC 287

| | Spezifischer Widerstand bei 20 °C ($\Omega \cdot cm$) | Temperaturkoeffizient bei 20 °C ($K^{-1}$) |
|---|---|---|
| Kupfer | $1{,}7241 \cdot 10^{-6}$ | $3{,}93 \cdot 10^{-3}$ |
| Aluminium | $2{,}8264 \cdot 10^{-6}$ | $4{,}03 \cdot 10^{-3}$ |
| Blei | $21{,}4 \cdot 10^{-6}$ | $4{,}0 \cdot 10^{-3}$ |
| Stahl | $13{,}8 \cdot 10^{-6}$ | $4{,}5 \cdot 10^{-3}$ |
| Unmagnetischer Stahl | $70 \cdot 10^{-6}$ | Vernachlässigbar |

- ebenso wie Dielektrizitätskonstante und Verlustfaktor, die bei der Berechnung der spannungsabhängigen Verluste bekannt sein müssen (Tabelle 13.2), und
- die spezifische Wärmeleitfähigkeit der nichtmetallenen Kabelaufbauelemente, die als temperaturunabhängig gilt (Tabelle 13.2).

**Tabelle 13.2** Eigenschaften nichtmetallener Kabelaufbauelemente gemäß IEC 287

| | Relative Dielektrizitätskonstante | Verlustfaktor | Spezifische Wärmeleitfähigkeit ($K \cdot cm/W$) |
|---|---|---|---|
| Ölimprägniertes Papier | 3,5 | 0,004 | 500 |
| Polyäthylen | 2,3 | 0,001 | 350 |
| PVC | 8 | 0,1 | 600 |

Schwieriger sind die Parameter zu fixieren, die unmittelbaren Einfluß auf die *Lebensdauer* des Kabels haben oder sich während der Lebensdauer des Kabels in schlecht vorhersagbarer oder kontrollierbarer Weise ändern.

Es sind dies:

- Die im Dauerbetrieb maximal zulässige Leitertemperatur,
- die Umgebungstemperatur mit ihren periodischen Schwankungen,
- die Behinderung der Konvektion und Strahlung bei einer Luftverlegung des Kabels bzw.
- die Änderungen des spezifischen Bodenwärmewiderstandes bei einer Erdverlegung.

Welche *Leitertemperatur* maximal zugelassen werden kann, hängt einmal von den thermischen Materialeigenschaften und zum anderen vom Kabelaufbau ab. Keinesfalls ist es statthaft, aus einem reinen Materialtest eine zulässige Kabelbetriebstemperatur abzuleiten. Auch Angaben in Normen sind hier sehr skeptisch zu betrachten, wenn sie nicht eindeutig auf einen Kabelaufbau bezogen sind. Ganz grob kann gesagt werden, daß mit speziellen Kabelkonstruktionen Betriebstemperaturen

- von 85 ... 90 °C mit einem Öl/Papier-Dielektrikum oder einem solchen aus vernetztem Polyäthylen und
- von 70 ... 75 °C mit einem Dielektrikum aus PVC oder unvernetztem Polyäthylen

erreichbar sind.

Die Schwankungen in der *Umgebungstemperatur* sowie die Behinderung der Wärmeabfuhr durch Konvektion oder Strahlung halten sich in Grenzen bzw. lassen sich durch geeignete Maßnahmen in Grenzen halten. Es ist meistens statthaft, einen Höchstwert anzunehmen und die tages- oder jahreszeitlichen Schwankungen zu ignorieren.

Eine besondere Problematik bildet der Wärmewiderstand des Erdbodens, der nicht konstant ist. Die verschiedenen Erdbodenarten weisen unterschiedliche Werte auf, die alle stark vom Feuchtigkeitsgehalt abhängen, der wiederum in einem sehr weiten Umfang durch die Verlustwärme des Kabels beeinflußt wird. Da die Verlegung der Energiekabel unmittelbar in Erde aber der Normalfall ist, muß dieser Frage besondere Beachtung geschenkt werden.

## 13.7 Spezifischer Wärmewiderstand des Erdbodens

Der Erdboden ist ein *Dreiphasensystem* aus festen Bestandteilen einerseits und aus Wasser und Luft in dem Porenraum andererseits. Die Korngrößenverteilung und die Dichte des Erdbodens beeinflussen die Übergangswiderstände zwischen den einzelnen festen Teilchen und somit wesentlich den gesamten Wärmewiderstand. Er ist ferner davon abhängig, ob der Porenraum mit Wasser oder Luft gefüllt ist, da die thermische Leitfähigkeit von Wasser erheblich höher ist als die von Luft. In Abhängigkeit von der Verdunstung an der Erdoberfläche, vom Bewuchs und von der Topographie des Geländes ist der Feuchtigkeitsgehalt und somit der spezifische Wärmewiderstand der verschiedenen Erdbodenarten entsprechend den Niederschlagsmengen örtlichen und jahreszeitlichen Schwankungen unterworfen.

In den 60er Jahren wurde bei schwierigen Trassenverläufen versucht, mit eigens entwickelten *Sonden* einen Überblick über die Bodenverhältnisse zu gewinnen. Dabei erwies es sich als unbefriedigend, eine Kabelstrecke aufgrund einer möglicherweise begrenzten Stelle mit schlechten Wärmeleitwerten zu projektieren. Um zu besser übersehbaren Verhältnissen zu kommen, ist deshalb vorgeschlagen worden, Kabelgräben nicht mehr mit dem Originalboden, sondern mit einem *Sand-Ton-Gemisch* bekannter Eigenschaften aufzufüllen. Sand allein bewahrt die Feuchtigkeit nur schlecht, während Ton sehr schwer

ohne Hohlräume aufgefüllt werden kann. Auch die Einbettung von Kabeln in Magerbeton wurde praktiziert.
Durch solche Maßnahmen kann nur sichergestellt werden, daß die Ausgangswerte des Erdbodens hinreichend bekannt sind, nicht jedoch, daß diese Werte auch bestehen bleiben. Dabei ist in erster Linie an die Bodenaustrocknung zu denken, die eintritt, je höher die Kabel belastet werden.

### 13.8 Bodenaustrocknung durch die Kabelverlustwärme

Die am Kabelmantel herrschende Temperatur bewirkt ein Ansteigen des Wasserdampfdruckes der Bodenfeuchte. Wasserdampf wandert zu den kälteren Erdschichten mit geringerem Druck, kondensiert wieder und fließt wegen der größeren Kapillarkraft in Kabelnähe als Wasser wieder zurück. Solange dieser Kreislauf nicht gestört wird, bleibt der Boden feucht und der Wärmewiderstand konstant. Bei erhöhter Wärmezufuhr überschreitet die Temperatur der Kabeloberfläche eine bestimmte *Grenztemperatur*. Das Wasser kann nun nicht mehr vollständig zurückfließen, weil es wieder in die Dampfphase tritt, ehe es in Kabelnähe kommt. Eine Zone um das Kabel verliert mehr und mehr Wasser und trocknet aus (Bild 13.3). Der Wärmewiderstand dieses Trockenbereiches ist aber bedeutend höher (im Mittel ca. 250 K · cm/W) als der des Feuchtebereiches (70 K · cm/W). Dadurch steigt einerseits die Temperatur im Kabel, andererseits fällt aber auch an diesem hohen Widerstand die Temperatur nach außen hin stark ab. Bei gleichbleibenden Verlusten wird diese Zone wie ein konzentrischer Zylinder wachsen, bis sich an dessen Oberfläche eine Temperatur – nämlich die Grenztemperatur – eingestellt hat, bei der der Wasserdampf-Wasser-Kreislauf gerade noch ungestört stattfinden kann.
Wann und wieviel ein Erdboden austrocknet, hängt von mehreren Faktoren ab:

- Je größer die Temperaturdifferenz zwischen Kabeloberfläche und umgebendem Erdreich ist, um so größer ist der Druckunterschied des Wasserdampfes. Für die Bodenaustrocknung ist also nicht eine bodenspezifische Grenztemperatur maßgebend, sondern die Temperatur, die sich aus einer konstanten Grenzerwärmung und der jeweiligen Erdbodentemperatur zusammensetzt.
- Je nach Erdbodenbeschaffenheit beginnt die Austrocknung bei unterschiedlichen Grenztemperaturen.
- Der gesamte Vorgang der Bodenaustrocknung ist stark zeitabhängig. Versuche haben gezeigt, daß es Wochen dauert, bis der Endzustand der Bodenaustrocknung erreicht ist.

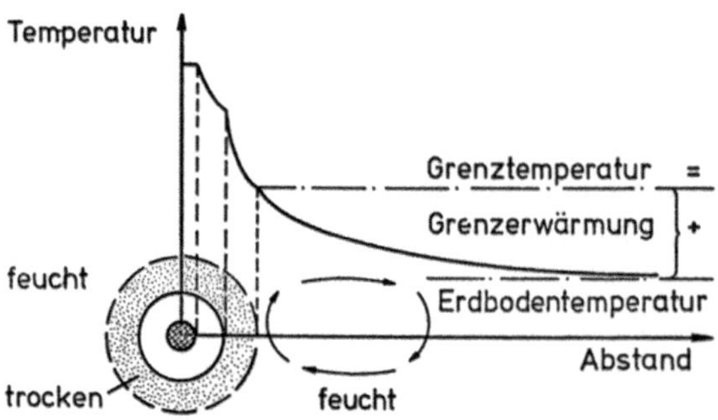


**Bild 13.3**
Wasserdampf-Wasser-Kreislauf bei der Bodenaustrocknung der Kabelumgebung (nach Große-Plankermann)

Ist der Erdboden rund um ein Kabel erst einmal ausgetrocknet, so nimmt er nur sehr langsam wieder Feuchtigkeit an. Der hohe Strömungswiderstand, der sich dadurch ergibt, daß sich die Wasserringe rund um die Berührungsstellen der Bodenpartikelchen nicht mehr berühren, verhindert einen Feuchtigkeitstransport in der flüssigen Phase.

## 13.9 Theorie der dosierten Bodenaustrocknung

Die Erkenntnisse über die Rolle des Erdbodens bei der Strombelastbarkeit von Energiekabeln setzten sich in mehreren Etappen durch:
In den ersten Jahren wurden nur die thermischen Auswirkungen auf das Kabel betrachtet, also die Temperatur des Leiters als heißeste Stelle des Kabels begrenzt.
Etwa ab 1960 wurde erkannt, daß von einer bestimmten Temperatur an der Erdboden austrocknet und damit seinen Wärmewiderstand erhöht. Man begann bei Kabeln, und zwar vor allem bei solchen, die auf Dauerlast hin auszulegen waren, nicht mehr die Leitertemperatur, sondern die Manteltemperatur zu begrenzen, und zwar meist auf 40 °C.
Um die technisch möglichen, durch die Werkstoffe und den Aufbau des Kabels bedingten Temperaturen wieder voll auszunutzen, d.h. den Leiter wieder bis zu maximal zulässigen Grenztemperaturen belasten zu können, wird heute die kritische Grenzisotherme, bei der eine Bodenaustrocknung begint, von der Kabeloberfläche weg in den Erdboden verlegt. Ihr Durchmesser wird so gewählt, daß die technisch zulässige Leitertemperatur gerade erreicht wird. Innerhalb dieser *Grenzisotherme* wird damit also bewußt eine Bodenaustrocknung zugelassen. In die Berechnung der Belastbarkeit muß für diesen kabelnahen Bereich der spezifische Wärmewiderstand des ausgetrockneten Erdbodens mit 250 K · cm/W eingesetzt werden und für den Bodenteil, dessen Temperatur unterhalb jenes kritischen Temperaturwertes liegt, ist der ungestörte Boden mit seiner natürlichen Feuchtigkeit und seinem geringeren spezifischen Wärmewiderstand von 70 oder 100 K · cm/W anzusetzen. Man spricht hier jetzt von einer dosierten Bodenaustrocknung.
In diese Theorie der dosierten Bodenaustrocknung wurde auch noch eine zweite wesentliche Erweiterung bei der Erstellung der *VDE 0298* eingebaut, die es erlaubt, die Belastbarkeiten verschiedener Kabeltypen nicht nur für Dauerlast, sondern auch für beliebige andere Belastungsgrade zu berechnen.
Üblicherweise ist der *Belastungsgrad* m definiert als der relative, zeitliche Mittelwert der periodischen Lastverteilung über 24 h, also

$$m = \frac{1}{24\,h \cdot I_{max}} \int_{t=0}^{24\,h} I(t)\,dt.$$

In der praktischen Auswertung ist also die Fläche unter der Tageslastkurve zu ermitteln und durch den Rechteckinhalt unter der Vollastkurve zu dividieren. Ein einfaches Beispiel ist die EVU-Last älterer VDE-Vorschriften, die einem Belastungsgrad von 0,7 entspricht. Bei dieser folgen auf 10 h Vollast weitere 10 h mit 60 % der Vollast. Werden die verbleibenden 4 h mit 20 % der Vollast angesetzt, so ergibt sich

$$m = \frac{10 \cdot 1{,}0 + 10 \cdot 0{,}6 + 4 \cdot 0{,}2}{24 \cdot 1{,}0} = 0{,}7.$$

Dieser tägliche Belastungsgrad wird in das Rechenschema zur Ermittlung der Belastbarkeit über einen thermischen Scheinwiderstand eingebaut, wobei die Analogie zur Elektrotechnik auf der Hand liegt. Er setzt sich aus

- einem thermischen Gleichstromwiderstand, entsprechend einer konstanten Belastung im zeitlichen Endzustand, und
- einem parallelgeschalteten, kapazitiven Wechselstromwiderstand zusammen.

Diese beiden Widerstände werden getrennt berechnet und durch Parallelschaltung zum thermischen Scheinwiderstand in Abhängigkeit vom Belastungsgrad vereint.

Unterschiedliche Belastungsgrade werden nur bei der *Erdverlegung* von Kabeln berücksichtigt. Wegen der wesentlich kürzeren Erwärmungs- und Abkühlzeiten bei Verlegung in Luft sind dort nur die einfacher durchzuführenden Berechnungen für Vollastbetrieb sinnvoll.

**Literatur**

*J. Artbauer*, Kabel und Leitungen, Stuttgart und Berlin 1961

*H. W. Lücking* und *J. Weltgen*, Der äußere Wärmewiderstand im Erdboden verlegter Kabel, F & G-Rdsch. (1963) S. 165–176

*F. Winkler*, Strombelastbarkeit eines waagrecht in Luft verlegten Starkstromkabels, Siemens-Z. 37 (1963) S. 394–400

*H. J. Heinemann*, Kabelerwärmung und Bodenaustrocknung, F & G-Rdsch. (1967) S. 26–37

*L. Heinhold*, Kabel und Leitungen für Starkstrom, Berlin und München 1969

*G. Mainka*, Berechnung der Belastbarkeit von in Erde verlegten Starkstromkabeln unter Berücksichtigung von Belastungsfaktor und Bodenaustrocknung, ETZ-A 92 (1971) S. 125–130

*G. Große-Plankermann*, Grundlagen der Berechnungsmethoden der erarbeiteten Belastbarkeitstabellen, Energiewirtsch. Tagesfragen 27 (1977) S. 121–126

# 14 Höchstspannungskabel mit einem Öl/Papier-Dielektrikum

## 14.1 Elektrische Durchschlagfestigkeit

Die bisher betrachteten Glimmentladungs- und Wärmedurchschläge treten im Kabelbetrieb bei Feldstärken auf, die nicht in erster Linie durch die Isolationseigenschaften der Kabelisoliermaterialien bedingt sind. Vielmehr werden sie von kabelaufbau-spezifischen Größen bestimmt:

- Beim Glimmentladungsdurchschlag ist es die Hohlraumbildung mit der Möglichkeit einer Ionisierung,
- beim Wärmedurchschlag ist es die ungenügende Wärmeabfuhr der im Kabel anfallenden Wärme.

Es ist also – wie wir sehen werden zu Recht – zu vermuten, daß die Durchschlagfestigkeit der Isoliermaterialien höher liegt und durch entsprechende kabelspezifische Maßnahmen die elektrische Beanspruchung der Kabel gesteigert werden kann.

Bei der Betrachtung der elektrischen Durchschlagfestigkeit eines Isoliermaterials muß stets eine Aussage über den zeitlichen Verlauf und die Dauer der elektrischen Beanspruchung gemacht werden. Für den Kabelbetrieb relevant sind

- sowohl Kurzzeitbeanspruchungen, wie sie
  - als Impulsspannung in der Größenordnung von Mikrosekunden infolge atmosphärischer Störungen oder
  - bei Schaltvorgängen, deren Dauer in der Regel einige Wechselstromperioden beträgt, auftreten
- wie natürlich insbesondere auch die Beanspruchbarkeit im Dauerbetrieb bei Nennspannung.

An *Kabeln* werden Stoßdurchschlagfestigkeiten von rund 100 kV/mm erreicht, wobei Dauer und Steilheit des Spannungsimpulses in IEC und VDE genormt sind. Die Zeitdurchschlag-Charakteristik eines Massekabels fällt von etwa 60 kV/mm nach 100 h auf etwa 16 kV/mm asymptotisch ab. Da die Dielektrizitätskonstante von masseimprägniertem Papier 3,8 beträgt, wird verständlich, warum zur Vermeidung der den Durchschlag einleitenden Ionisierungen in Hohlräumen die Betriebsfeldstärke geringer als 4 kV/mm gewählt werden muß.

In *Modellversuchen* mit Platten- oder Zylinderkondensatoren ergibt sich eine befriedigende Übereinstimmung mit den Untersuchungen an Kabeln hinsichtlich der Stoßfestigkeit, nicht jedoch hinsichtlich der *Dauerdurchschlagfestigkeit*. An Modellen ermittelte Asymptotenwerte der Zeitdurchschlag-Charakteristik für eine geschichtete, ölgetränkte Papierisolierung liegen bei 60 kV/mm. Voraussetzung hierzu ist, daß Hohlräume ausgeschaltet werden, was am einfachsten durch einen geringen Überdruck des Imprägniermittels geschieht. In diesem Fall wird die Durchschlagfestigkeit des Isoliermaterials wirklich erreicht. Der jetzt rein elektrische Durchschlag wird eingeleitet durch eine Crackung des Isolierölmoleküls im elektrischen Feld. Sobald das Öl niedermolekulare, gasförmige Bestandteile abspaltet, setzt dann in einer zweiten Phase eine Gasentladung ein, die die Gesamtisolierung nach einger Zeit zerstört.

Die aus solchen Modellversuchen gewinnbaren Erkenntnisse lassen sich in befriedigender Form auf reale Kabel übertragen. Werden durch geeignete Maßnahmen auch beim Kabel die Möglichkeiten einer Hohlraumbildung ausgeschaltet, was auch hier genau wie beim Modellversuch am einfachsten durch einen Überdruck im Dielektrikum geschieht, so kann die wirkliche Durchschlagfestigkeit einer ölimprägnierten Papierisolierung bei der Festlegung der Kabelabmessungen ausgenutzt werden.

Dies ist eine der Grundlagen für die Höchstspannungskabeltechnik; die andere ist die Ausnutzung der vom Werkstoff vorgegebenen höchstmöglichen *Dauerbetriebstemperatur*. Alle Isolierstoffe organischer Struktur unterliegen Alterungsvorgängen. Hierunter sind in erster Linie Depolymerisationsprozesse der Polymerketten oder ihrer Makromoleküle zu verstehen, die wie alle chemischen Prozesse bei höheren Temperaturen schneller ablaufen. Die Dauerbetriebstemperatur eines Öl/Papier-Dielektrikums wird üblicherweise auf 85 ... 90 °C begrenzt. Bei höheren Dauerbetriebstemperaturen verliert als erstes das Kabelisolierpapier seine mechanisch-elastischen Eigenschaften und bricht bei einer geringen Krafteinwirkung.

Mit Hilfe der erwähnten Modellversuche werden auch die Einflüsse möglicher *Variationen* in den Komponenten einer Öl/Papier-Isolierung untersucht und so für die verschiedenen Höchstspannungskabel-Typen eine optimale Zusammensetzung des Dielektrikums festgelegt. Von besonderer Bedeutung sind

- die Zunahme der Stoßspannungsfestigkeit mit der Viskosität des Tränkmittels bei gleichzeitig stärkerem Temperaturgradienten, wobei extrem dünnflüssige Mineralöle eine fast temperaturunabhängige Stoßspannungsfestigkeit im Bereich von 20 ... 90 °C haben,
- die Erhöhung der Wechselspannungsfestigkeit mit dem Überdruck im Dielektrikum, wobei auch hier wieder höherviskose Tränkmittel einen stärkeren Temperatureffekt aufweisen,
- die Verbesserung vor allem der Stoßspannungsfestigkeit durch den Einsatz schmierig gemahlener Isolierpapiere mit einer hohen Luftundurchlässigkeit und
- schließlich auch die Durchschlagfestigkeit in Abhängigkeit von der Dicke und der Versetzung der Kabelpapiere beim Aufbau einer zylindrischen Isolierung.

Hansson hat dargelegt, daß 32 099 036 400 Versuchsreihen notwendig wären, wollte man nur die simpelsten Kombinationen erfassen. Diese Zahl sei hier nur erwähnt, um zu verdeutlichen, wieviel Know-how allein in der Isolierung eines Höchstspannungskabels verborgen ist.

Alle heutigen Konstruktionen von Höchstspannungskabeln nutzen in höchstmöglichem Umfang die wirkliche elektrische Durchschlagfestigkeit des Isoliermittels aus, indem eines der folgenden drei Prinzipien Anwendung findet, um einen vorzeitigen Durchschlag, der von Ionisierungen in Hohlräumen ausgeht, unmöglich zu machen:

- Entweder wird das Dielektrikum wie bei den Öl- und (Gasaußen-)Druckkabeln unter einen so *hohen Druck* gesetzt, daß die Ausbildung von Hohlräumen im Betrieb verhindert wird,
- oder man läßt *definierte Hohlräume* zu, schafft sie sogar künstlich, und unterbindet den Einsatz einer Ionisierung bei Betriebsfeldstärke durch einen entsprechend hohen Gasdruck in diesen Hohlräumen, wie bei den verschiedenen Gasinnendruckkabeln,
- oder man wählt anstelle der Öl/Papier-Isolierung ein *Festkörper*dielektrikum wie bei polyäthylen- oder gummiisolierten Kabeln, bei denen durch entsprechende Prüfungen nach der Fertigung und angemessene Betriebsbedingungen die Hohlraumfreiheit sichergestellt wird.

## 14.2 Ölkabel

Unter den Höchstspannungskabelsystemen nimmt das anfangs der 20er Jahre von Emanueli, Ingenieur der Societá Italiana Pirelli, entwickelte Ölkabel eine besondere Rolle ein:

- Es war das erste Höchstspannungskabel der Welt. Eine 1924 in Brugherio versuchsweise verlegte 600 m Länge mit zwei Muffen je Phase bewährte sich in diesem 132 kV-Netz so gut, daß Pirelli bereits 1926 einen Auftrag der New York Edison Company über 36 miles 132 kV-Ölkabel erhielt. Die erste deutsche Anlage baute Siemens 1928 für das Großkraftwerk Franken, wobei im Stadtinneren von Nürnberg 9,6 km Kabel für 110 kV und 40 MVA verlegt wurden.

- Immer wenn der Übergang auf eine höhere Spannungsebene realisiert werden mußte, fiel die Wahl auf Ölkabel. Für 220 kV wurde 1932 von Pirelli ein Versuchskabel bei Mailand verlegt, 1936 lieferten vier französische Kabelwerke 56 km Kabel für den 220 kV-Ring von Paris. Erst 1952 wurde diese Spannung auch in Deutschland verkabelt. Felten & Guilleaume baute diese Anlage für das Goldenberg-Werk des RWE.
- Etwa gleichzeitig konnte bereits Câbles de Lyon aufgrund der Entwicklungsarbeiten von Domenach eine 400 kV-Kabelanlage in Schweden realisieren, während erst 1975 für das Kavernenkraftwerk Waldeck II der PREAG zwei Systeme 400 kV-Kabel in Betrieb gingen, die Felten & Guilleaume und Siemens geliefert hatten.
- Wahrscheinlich sind Ölkabel die am häufigsten gebauten Kabelanlagen für Höchstspannungen, obwohl in USA andere Kabelsysteme bevorzugt werden und in Deutschland die Zuwachsraten gegenüber Stahlrohrkabeln geringer werden. Das heute insgesamt vorliegende Erfahrungspotential ist jedenfalls so groß, daß mit Sicherheit weitere Entwicklungen zu Kabeln noch höherer Spannungen oder auch höherer Leistungen zunächst auf den Kerngedanken des bereits als klassisch zu bezeichnenden Ölkabels zurückgreifen werden.

Gemäß diesem Kerngedanken wird die Papierisolierung eines Ölkabels an Stelle der zähflüssigen Masse mit einem *dünnflüssigen Isolieröl* getränkt, das entsprechend seiner Ausdehnung bei Erwärmung durch Kanäle im Kabel zu Ausgleichsgefäßen strömen kann, aus denen es bei der Abkühlung wieder in das Kabelinnere zurückgedrückt wird. Eine Hohlraumbildung in der Isolierung ist unmöglich, da das Dielektrikum ständig unter einem *Überdruck von 1 ... 2 bar* steht. Schon in der Fertigung werden die einzelnen Kabellängen mit diesen Öl-Vorrats- und Druckausgleichsgefäßen verbunden und bleiben mit diesen auch während des Transportes, der Montage und im Betrieb stets in Verbindung.

Eine Ölkabelanlage muß nach den bekannten Gesetzen der Hydraulik von Flüssigkeiten berechnet werden. Da das Tränköl eine Dichte von 0,9 g/cm$^3$ hat, steht bei Höhenunterschieden auf der Kabeltrasse jeder Punkt der Kabelstrecke unter dem hydrostatischen Druck von 1 bar je 11 m darüber lastender Ölsäule. Gleichhoch liegende Punkte einer Ölkabelstrecke weisen gleiche Drücke auf, und der höchste Punkt ist zugleich der Punkt des niedrigsten *statischen Druckes*, der aber auch hier nicht unter 1 ... 2 bar fallen darf. Bei größeren Höhenunterschieden treten an den tiefsten Punkten der Strecke Drücke auf, die unter Umständen eine Verstärkung der Mantelbandagierung oder sogar eine Bewehrung des Kabels erforderlich machen. Meistens wird dann aber eine Unterteilung des Druckgefälles vorgenommen, indem durch Einbau von *Sperrmuffen* geeignete Kabellängen öldicht abgeschottet werden.

Bei der Bemessung einer Ölkabelanlage spielt die Wärmeausdehnung des Öles von rund 4 Volumen-% bei einer Erwärmung von 50 K eine ausschlaggebende Rolle. An der Ausdehnung, die von den Ausgleichsgefäßen aufgenommen werden muß, nimmt der Ölinhalt der gesamten Kabelanlage entsprechend seiner jeweiligen Erwärmung teil, d.i. das Öl in der Kabelisolierung, das Öl in den Längskanälen, die entweder im Leiter oder in den Aderzwickeln angeordnet sein können, und auch die Ölfüllung der Garnituren.

Das sich ausdehnende Öl muß auf dem Weg in die Ausgleichsgefäße einen *Strömungswiderstand* überwinden, der von der Ausbildung der Ölkanäle und der Viskosität des Isolieröles bestimmt wird. Die Strömungsgeschwindigkeit hängt von der Schnelligkeit der

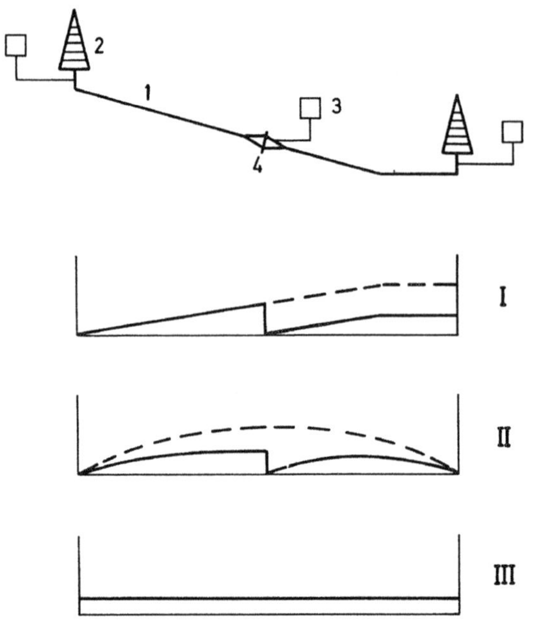


**Bild 14.1**
Verteilung der in einer Ölkabelanlage auftretenden Drücke
1 Kabel
2 Endverschluß
3 Öl-Ausgleichsgefäß
4 Sperrmuffe
I statischer Druck
II dynamischer Druck
III Vordruck der Ausgleichsgefäße

Kabelerwärmung ab. Da der Strömungswiderstand nicht beliebig klein gemacht werden kann, tritt im Kabel vorübergehend ein *dynamischer Druck* auf, der mit dem Strömungsvorgang abklingt. Für die Abkühlung des Kabels, bei der das Öl aus den Ausgleichsgefäßen in das Kabel zurückströmt, gelten dieselben Überlegungen. Durch zweckmäßige Anordnung der Ausgleichsgefäße können die dynamischen Drücke stets in gewünschten Grenzen gehalten werden. Sie überlagern sich den statischen Drücken, was bei der Bemessung der Kabel zu beachten ist.

Für die in Bild 14.1 im Profil angedeutete Kabelstrecke ist durch den Linienzug I die Verteilung des statischen Druckes und durch den Kurvenzug II die Verteilung des dynamischen Druckes während der Erwärmung dargestellt. Die gestrichelten Linien gelten für den Fall, daß keine Sperrmuffe vorhanden ist. Man erkennt

- einerseits die günstige Wirkung der Sperrmuffen in statischer Hinsicht und
- andererseits die Verringerung des dynamischen Druckes, die durch ein Ausgleichsgefäß an der Sperrmuffe erreicht wird.

Die Ausgleichsgefäße stehen meistens noch unter einem bestimmten *Vordruck*, der auch bei starker Abkühlung einen Mindestdruck längs der ganzen Kabelstrecke garantiert, wie es Kurve III zeigt. Die gesamte Druckverteilung längs des Kabels ergibt sich schließlich durch die Überlagerung aller drei Drücke. Der Gesamtdruck ist immer von den Lastschwankungen abhängig. Die Auslegung einer Ölkabelanlage ist eine wichtige Projektierungsaufgabe, da sie für die Wirtschaftlichkeit entscheidend sein kann.

Bei der Planung einer solchen Anlage kann zwischen zwei Ausführungsarten der Kabel gewählt werden:

- Bei den Einleiter-*Hohlleiterkabeln* liegt der Ölströmungskanal im Inneren des Leiters. Dieser besteht aus einer oder mehreren Lagen von Rund- oder Profildrähten, die früher um eine Wendel aus dünnem Metallband gelegt wurden, heute aber ausschließlich freitragend verseilt werden.
- Bei den Mehrleiter-*Zwickelölkabeln* liegen die Ölkanäle zwischen den Adern und dem gemeinsamen Mantel aus Blei oder Aluminium.

Jede dieser verschiedenen Ausführungsarten hat eine Leiterglättung aus Rußpapieren und eine Aderabschirmung aus H-Papier. Zur Druckbeherrschung müssen Bleimäntel eine Druckschutzbandage erhalten, die bei Einleiterkabeln aus unmagnetischen Stahl- oder aus Kupferbändern bestehen muß, um sonst auftretende Magnetisierungsverluste zu vermeiden. In jedem Fall erhalten Ölkabel einen hochwertigen Korrosionsschutz aus plastischer Masse mit eingelegten Folien und einen roten PVC-Mantel als Außenhülle.
Zwickelölkabel sind besonders hinsichtlich der Ölspeisung günstig, da der Strömungswiderstand sehr klein ist und auch lange Strecken noch vom Ende aus zu speisen erlaubt. Nachteilig ist jedoch das größere Gewicht, das nur kurze Fertigungslängen zuläßt und das Verlegen erschwert, die geringere Belastbarkeit gegenüber mit Abstand verlegten Einleiterkabeln und der große Ölvorrat im Falle eines Mantellecks. Mit dem Trend zu höheren Übertragungsleistungen ist zwangsläufig ein Rückgang der Zwickelölkabel verbunden, da die genannten Nachteile mit größer werdenden Leiterquerschnitten sich immer stärker auswirken.

## 14.3 Druckkabel

Ein anderes Verfahren, das zur Verhinderung von Ionisierungsvorgängen im Dielektrikum erfolgreich angewendet wird, besteht darin, daß eine nach Art des Massekabels mit einer hochviskosen Isoliermasse getränkte Papierisolierung von außen über den Kabelmantel unter erhöhten Druck gesetzt wird. Auch auf diese Weise kann die Ausbildung von Hohlräumen bei den Lastwechseln des Kabels verhindert oder in vorhandenen notfalls der Gasdruck so erhöht werden, daß die Glimmeinsetzspannung oberhalb der kritischen Grenze liegt.
Verschiedene Vorschläge zur Ausführung solcher Kabel erwiesen sich in der Realisierung als schwierig. Erst ein Gedanke von W. Vogel im Jahre 1932 brachte den entscheidenden Fortschritt, obwohl er zunächst von den meisten Kabeltechnikern vehement abgelehnt wurde. Vogel schlug vor, bleiummantelte Kabel in *Stahlrohre* einzuziehen, wie sie für die Ferngasversorgung Verwendung finden, und die Rohrleitung dann mit einem *Stickstoffdruck von 15 bar* aufzufüllen. In der Versuchsanstalt für Hochspannungstechnik von Felten & Guilleaume gewann er wichtige Erkenntnisse, die bis auf den heutigen Tag Merkmale eines Druckkabels sind.
Der Kabelmantel einer Druckkabelader muß den beim Erwärmen des Kabels auftretenden Ausdehnungskräften des Tränkmittels zunächst nachgeben, dann jedoch beim Abkühlen unter der Wirkung des äußeren Gasdrucks wieder so weit zusammengedrückt werden können, daß das gesamte Dielektrikum stets vollkommen von der Tränkmasse ausgefüllt ist. Durch einen *ovalen Querschnitt* der Kabelader wird dieser Atmung des Kabels die Richtung vorgeschrieben, damit der Mantel den Verformungen membranartig folgen kann. Bei der Ausdehnung geht der ovale Querschnitt zum kreisförmigen Querschnitt

über, der die größtmögliche Fläche umschreibt. Auf diesem Wege wird eine Dehnung des Bleimantels über das zulässige Maß hinaus verhindert. Membrankabel ist deshalb auch ein Synonym für Druckkabel.

Die Ovalität einer Druckkabelader wird zwischen 0,85 und 0,95 gewählt. Bestimmt wird sie durch die Form des Leiters, der zunächst aus verschieden dicken Runddrähten verseilt wird und die gewünschte ovale Form dann durch Walzen unter gleichzeitiger, sehr hoher Verdichtung erhält. Die Papierisolierung wird mit einem hochviskosen Tränkmittel auf Mineralölbasis imprägniert, dem aber aus Gründen der elektrischen Qualität keine Harzmassen zugesetzt werden dürfen. Zur Leiterglättung und Aderabschirmung dienen rußhaltige, leitfähige Papiere, wie sie auch für andere Kabeltypen eingesetzt werden. Die Dicke der Bleimäntel entspricht den für Massekabel gleichen Durchmessers genormten Werten.

Damit der Kabelmantel vor unzulässigen Dehnungen bei starken Lastwechseln, bei hoher Erwärmung durch Kurzschlußströme oder bei einem Druckabfall in der Stahlrohrleitung geschützt wird, erhält er eine Bandage aus zwei unmagnetischen Stahlbändern. Da das Stahlrohr dem Druckkabel einen guten Schutz bietet, genügt als Korrosionsschutz für den Bleimantel eine reichliche Bitumenschicht, in die ein oder zwei Lagen von bituminiertem Papier eingebettet sind, und eine Lage bituminiertes Juteband.

Kabel, die in Stahlrohrleitungen mit vielen oder starken Krümmungen oder in Strecken mit größeren Steigungen eingezogen werden sollen, erhalten eine zugfeste, gemeinsame *Flachdrahtbewehrung* über den verseilten Adern. Enthält die Strecke keine oder lediglich einige Krümmungen mit großen Halbmessern, so werden die Adern nur mit drei D-förmigen Bronze-*Gleitdrähten* in langem Schlag umwickelt und erst dann miteinander verseilt. Bei Querschnitten ab 800 mm$^2$ wird ein verseiltes Kabel zu unhandlich; die mit Gleitdrähten versehenen Adern werden dann parallel und gleichzeitig von drei Kabeltrommeln in die Rohrleitung eingezogen.

Die Stahlrohrleitung besteht aus 12 m langen gewalzten Muffenrohren, die gasdicht miteinander auf der Baustelle verschweißt werden. Um die Rohre vor den Gefahren einer chemischen oder elektrolytischen Korrosion zu schützen, bedürfen sie eines hochwertigen Korrosionsschutzes (meist in Form einer Polyäthylenhülle) und oft noch eines zusätzlichen kathodischen Schutzes.

Die beschriebenen Druckkabel haben bisher Anwendung für Betriebsspannungen bis zu 275 kV gefunden. Die Isolierungsdicken werden dann durch die Anforderungen an den Stoßpegel bedingt. Für die in Deutschland übliche Betriebsspannung von 220 kV mit einem Stoßpegel von 1040 kV gemäß VDE 0111 würde je nach Leiterquerschnitt die Isolierungsdicke 18 mm oder 20 mm betragen, was Betriebsfeldstärken am Leiter von 12 kV/mm entspricht.

Bei diesen Isolierungsdicken muß sichergestellt sein, daß das Druckkabelprinzip voll wirksam ist. Dies ist in einfacher Weise durch *Heizwechselversuche mit Verlustfaktormessungen* kontrollierbar. Eine Ausbildung von Hohlräumen in Versuchsstrecken kann in der Regel erst bei einer Aufheizung auf eine Leitertemperatur von 120 °C erreicht werden, wenn die Stahlrohrleitung drucklos ist und nach Abschalten des Heizstromes das Kabel schnell mit Leitungswasser gekühlt wird, das durch das Druckrohr geleitet wird. Natürlich muß auch der Austausch der Endverschlußfüllmasse mit dem Tränkmittel der Kabelisolierung unterbunden werden.

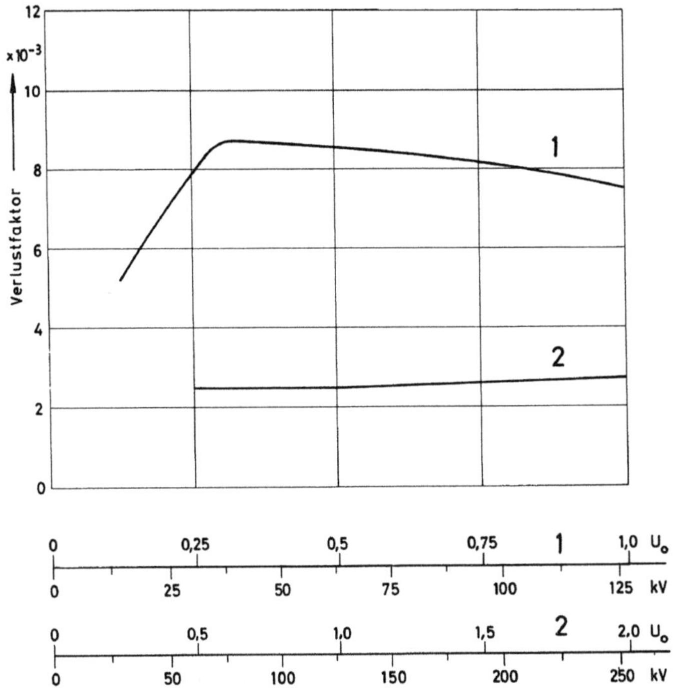


**Bild 14.2** Einfluß einer Druckanwendung auf den Verlustfaktor eines 220 kV-Druckkabels mit künstlich erzeugten Hohlräumen in der Isolierung
1 vor der Druckanwendung, 2 nach 10 min Anwendung von 15 bar

Nach einigen solcher Heizwechsel treten dann bereits bei sehr niedrigen Spannungen kräftige Ionisierungen auf, wenn das Kabel nach wie vor drucklos bleibt. Dies ist nicht verwunderlich, da ein druckloses Druckkabel als Massekabel angesehen werden kann. Füllt man jedoch die Stahlrohrleitung mit Stickstoff von 15 bar, so zeigt die Verlustfaktorkurve bereits nach 10 min wieder einen völlig flachen, d.h. ionisierungsfreien Verlauf. Entsprechende Meßergebnisse zeigt Bild 14.2.
Gleiche Versuche kann man auch mit geringeren Drücken ausführen. Die Zeiten, in denen der ionisationsfreie Zustand erreicht wird, sind dann entsprechend länger. Interessanterweise verschiebt sich die Verlustfaktorkurve auch ohne äußere Druckeinwirkung nach einiger Zeit wieder zu den Ausgangswerten. Dies bedeutet, daß die durch das starke Aufheizen und die anschließende schnelle Abkühlung entstandenen Hohlräume allein durch die inneren Spannungen der Druckschutzbandage schließlich wieder mit der Tränkmasse ausgefüllt werden. Den Zusammenhang kann man nur in Form einer Grenzkurve (Bild 14.3) darstellen, oberhalb der in einer Vielzahl von Versuchen keine Wertepaare mehr ermittelt werden, da verständlicherweise Größe und Lage der Hohlräume nur bedingt reproduzierbar sind. Berücksichtigt man noch, daß die natürliche Abkühlzeit auch bei plötzlichem Lastabwurf wegen der großen Wärmekapazität des Kabels wesentlich länger

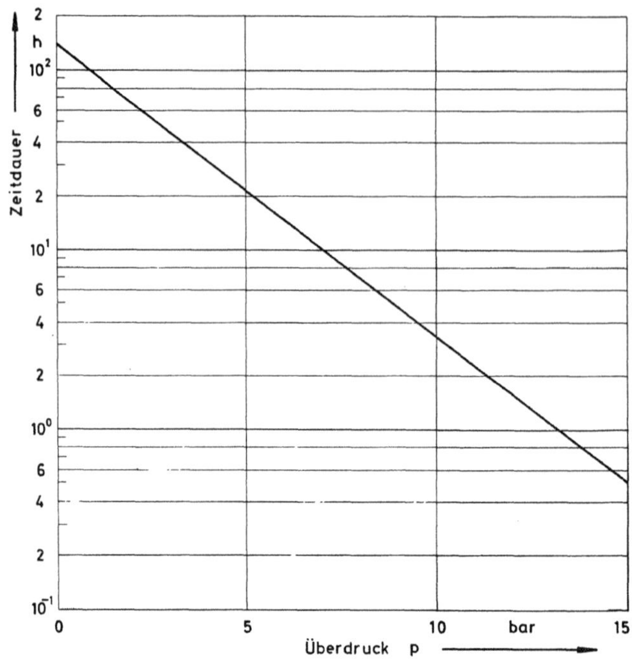


**Bild 14.3** Ungefähre Dauer, in der ein Überdruck Hohlräume in der Isolierung eines 220 kV-Druckkabels beseitigt

ist als die Zeit, die einen Druckausgleich in allen Teilen der Isolierung ermöglicht, so sieht man, daß Hohlräume unter den Betriebsverhältnissen eines Druckkabels nicht auftreten können.

Da der Kabelmantel auf seiner ganzen Länge als Membran wirkt, erübrigen sich bei einem Druckkabel Ausgleichsgefäße, wie sie bei einem Ölkabel mit einem Arbeitsvolumen von oft einigen hundert Litern bereitgestellt werden müssen. Lediglich zum Ausgleich von Schwankungen des Ölvolumens in den Endverschlüssen, die bei Änderungen der Betriebslast oder der Außentemperatur auftreten, dienen *Ausgleichsgefäße* von ca. drei Litern. Ihre Membran arbeitet gegen den Stickstoffdruck der Stahlrohrleitung, so daß also auch das Endverschlußdielektrikum unter einem Druck von 15 bar steht. Einzelheiten einer Druckkabel-Endverschlußanlage können Bild 14.4 entnommen werden.

## 14.4 Gasinnendruckkabel

Die andere Möglichkeit zur Konstruktion eines Höchstspannungskabels, nämlich definierte Hohlräume im Dielektrikum zu schaffen und den Einsatz einer Ionisierung im Kabelbetrieb durch einen entsprechend hohen Gasdruck in diesen Hohlräumen zu verhindern, wird bei den Gasinnendruckkabeln genutzt. Sie wurden in England etwa zur gleichen Zeit wie in Deutschland das Druckkabel entwickelt und als Alternative zu diesem gesehen. Dort wurden sie auch in erheblichem Umfang eingesetzt, bis sie vor 20 Jahren mehr und mehr durch Ölkabel verdrängt wurden. Auch in anderen Ländern wie USA oder Deutschland sind Gasinnendruckkabel eingesetzt worden, haben aber nirgendwo – trotz ihrer sehr ökonomischen Ausführung – eine dominierende Stellung erringen können.

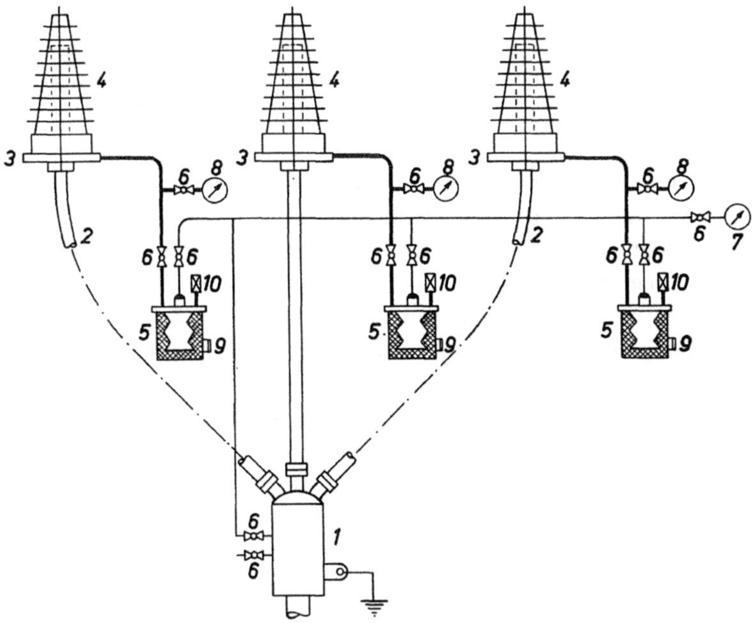


**Bild 14.4** Prinzipskizze einer Druckkabel-Endverschlußanlage
▬▬ Ölleitung, —— Gasleitung

1 Spreizkopf, 2 Kupferrohr, 3 Grundplatte, 4 Isolator, 5 Druckausgleichsgefäß, 6 Absperrhahn, 7 Gasdruckmesser, 8 Öldruckmesser, 9 Ölstandanzeiger, 10 Rückschlagventil

Auf den im allgemeinen leicht verdichteten Litzenleiter werden hochwertige Kabelisolierpapiere aufgebracht, die

- entweder bereits vor dem Aufwickeln mit einer Spezialmasse getränkt worden sind, so daß alle Stoßfugen des Kabeldielektikums frei von Tränkmasse bleiben und leicht mit einem Druckgas gefüllt werden können,
- oder in der üblichen Weise getrocknet und getränkt werden; dann muß man aus der getränkten Ader durch eine längere Aufheizung auf 120 °C die in den Stoßfugen sitzende überschüssige Masse wieder abtropfen lassen.

Die *Viskosität* der Tränkmasse muß so gewählt werden, daß sie

- bei Tränktemperaturen niedrig genug ist, um die einwandfreie Imprägnierung der Isolierpapiere und das anschließende vollständige Abtropfen aller überschüssiger Masse sicherzustellen, und
- bei der Betriebstemperatur des Kabels dagegen so hoch ist, daß die Gasräume in den Stoßfugen und unter dem Mantel nicht mehr durch weiter austretende Masse verstopft werden können.

Non-draining-Compounde, die in Abschnitt 3.5 behandelten Haftmassen, finden hier einen wichtigen Einsatzbereich.

Um den Kabeln im Betrieb mit Hilfe eines hohen Gasdruckes (meist Stickstoff von 15 bar) die ausreichende elektrische Festigkeit geben zu können, müssen sie entweder mit einem *druckfesten Mantel* umgeben oder in einer Stahlrohrleitung verlegt werden. Bei Verwendung von Blei als dem lange Zeit allein üblichen Mantelwerkstoff konnten die auftretenden Zugkräfte in Kabellängs- und -querrichtung nur durch eine mehrlagige Bandage aufgefangen werden, von der ein Teil mit langer, der andere Teil mit kurzer Schlaglänge gewickelt war.

Das Gasinnendruckkabel war zunächst bewußt als Antistahlrohrkabel konzipiert worden, da sich die Verfechter des Druckkabels, das deutlicher als Gasaußendruckkabel bezeichnet werden könnte, für ein Stahlrohr entschieden hatten. In USA und später auch in Deutschland wurden dann aber doch Gasinnendruckkabel auch in Stahlrohrleitungen verlegt. Da den Kabeladern ein feuchtigkeitsschützender Mantel fehlt, müssen sie bis zum Einziehen in die Rohrleitung einen vorläufigen Feuchtigkeitsschutz erhalten. Auch müssen die Rohrleitungen vor dem Einziehen in technisch schwierigen Vorgängen sorgfältig getrocknet und nach dem Einziehen mit hochreinem Stickstoff mit niedrigem Taupunkt gefüllt werden.

Ein entscheidender Fortschritt wurde erzielt, als Felten & Guilleaume zusammen mit Krupp Aluminiummantelpressen entwickelte, die bald weltweiten Einsatz fanden. Jetzt konnten Aluminiummäntel von großer Länge in einem Arbeitsgang aufgebracht werden. Da ein glatter Mantel nur bis zu einem begrenzten Durchmesser genügend biegbar ist, andererseits aber Einleiterkabel wegen ihrer höheren Verluste nicht so interessant erscheinen, mußte aber noch der Schritt zum *gewellten Aluminiummantel* getan werden, wie er 1957 erstmalig zur Herstellung eines Dreileiter-(Öl)kabels für 110 kV führte. Die hohe mechanische Festigkeit des Aluminiums erübrigt selbst bei Innendrücken von 15 bar jede zusätzliche Bewehrung. Das geringe Gewicht zusammen mit der hervorragenden Biegbarkeit des gewellten Mantels ermöglichen die beste zur Zeit denkbare Konstruktion für den Mantel von Gasinnendruckkabeln.

### 14.5 Oilostatic- und Öl-Hochdruckkabel

Vor allem in USA und in Japan spielen Höchstspannungskabel eine Hauptrolle, die man als Kreuzungen der bisher behandelten Grundtypen bezeichnen kann:

- Das in USA dominierende Oilostatic-Kabel könnte als ein im Stahlrohr verlegtes Gasinnendruckkabel bezeichnet werden, bei dem der Gasdruck durch ein dünnflüssiges Öl unter 15 bar ersetzt ist.
- In Japan werden Höchstspannungskabel bevorzugt, die eine Mittelstellung zwischen Öl- und Druckkabel einnehmen. Ölkabeladern werden in präparierte Stahlrohrleitungen eingezogen, deren gesamtes Volumen mit hochwertigem Ölkabelöl gefüllt ist, das zur Erhöhung der elektrischen Festigkeit unter einen Druck von 15 bar gesetzt wird.

Diesen Kabelkonstruktionen ist gemeinsam

- mit dem Druckkabel das *Stahlrohr*, das einen hervorragenden mechanischen Schutz gegen äußere Störungen bietet, und der hohe Druck von 15 bar, der eine hohe elektrische Sicherheit bewirkt,
- mit dem Gasinnendruckkabel das *Fehlen einer Membran* zwischen Druck- und Isoliermedium, wobei die Isolierung eines Oilostatic-Kabels mit einem hochviskosen Öl, die eines Öl-Hochdruckkabels mit einem niedrigviskosen Öl getränkt ist.

Bei beiden Kabeltypen ist die gesamte Rohrleitung mit dem Drucköl gefüllt. Dieser Ölinhalt ist fast eine Zehnerpotenz größer als der eines Ölkabels. Dadurch wird die Volumenänderung des Öles bei der Erwärmung im Kabelbetrieb so groß, daß an den Enden der Kabelstrecke entsprechende Ölbehälter mit einer *Pumpenanlage* installiert werden müssen. Dehnt das Öl sich aus, so öffnet sich ein parallel zur Pumpe liegendes Ventil bei einer bestimmten Druckdifferenz, so daß das überschüssige Öl in den Ölbehälter fließen kann. Bei Abkühlung wird es von dort wieder in die Rohrleitung gepumpt, die so ständig unter einem gleichmäßigen Druck von 15 bar gehalten wird. Es ist ersichtlich, daß solche Anlagen bei kurzen Kabelverbindungen die Wirtschaftlichkeit im Vergleich zu anderen Höchstspannungskabelkonstruktionen sehr schnell ungünstig beeinflussen.

### 14.6 Vergleich stabilisierter Kabel

Ein Vergleich der bisher besprochenen Höchstspannungskabel mit einer ölgetränkten Papierisolierung, von denen in Details auch noch weitere Variationen existieren, sei auf die drei Typen beschränkt, die in Deutschland überwiegend zur Anwendung kommen. Da ferner in Deutschland das Druckkabel das stabilisierte Kabel mit der größten Zuwachsrate ist, soll es in den Mittelpunkt der Betrachtungen gestellt werden.

- Mechanische Eigenschaften

Das Druckkabel nimmt durch sein Stahlrohr eine Sonderstellung ein, die bedeutende Vorteile mit sich bringt. Kein anderes Kabel ist so sicher gegen äußere mechanische *Beschädigungen* oder gegenüber chemischen und elektrolytischen Angriffen aus dem Erdboden geschützt. Das Stahlrohr schirmt ferner das Kabel elektromagnetisch fast vollständig ab. Der *Reduktionsfaktor* beträgt rund 0,05, d.h. die induktive Wirkung des Stromes auf ein benachbartes Fernmeldekabel, z.B. bei einem Doppelerdschluß, wird durch das Stahlrohr auf nur 5 % des ursprünglichen Wertes herabgesetzt.
Auch hinsichtlich des *Verlegens* bietet das Druckrohr manchen Vorteil. Es genügt, den Kabelgraben in kurzen Stücken aufzuwerfen; nach Einlegen des Rohres kann er sofort wieder geschlossen und die Erdoberfläche (Straßendecke) wiederhergestellt werden. Das Kabel von meist mehreren hundert Metern Länge braucht erst später eingezogen zu werden. Rechnet man mit einem weiteren Anstieg des Energiebedarfs, so kann ohne große Mehrkosten eine zweite, zunächst leer bleibende Reserverohrleitung mit verlegt oder die lichte Weite des Stahlrohres so groß gewählt werden, daß später fast ohne jede Erdarbeit ein Kabel mit größerem Querschnitt eingezogen werden kann.

- Elektrische Eigenschaften

Hinsichtlich der elektrischen Eigenschaften bestehen zwischen Druck- und Ölkabeln keine ins Gewicht fallenden Unterschiede; nur die Gasinnendruckkabel nehmen eine Sonderstellung ein. Die Verwendung geeigneter Rohstoffe und eine sorgfältige Fertigung vorausgesetzt, weisen die Kurven des *Verlustfaktors* von Druck- und Ölkabeln keine Unterschiede auf, weder wenn der Verlustfaktor abhängig von der Spannung, noch wenn er abhängig von der Temperatur gemessen wird. Es ist möglich, Gasinnendruckkabel mit einer ähnlichen Verlustfaktor-Temperatur-Charakteristik herzustellen, die Abhängigkeit des Verlustfaktors von der Spannung ist jedoch anders. Bei einem Gasinnendruckkabel, das mit 15 bar Druck betrieben wird, liegt die Ionisierungsfeldstärke bei 16 ... 18 kV/mm, in Sonderfällen bei höchstens 25 kV/mm.

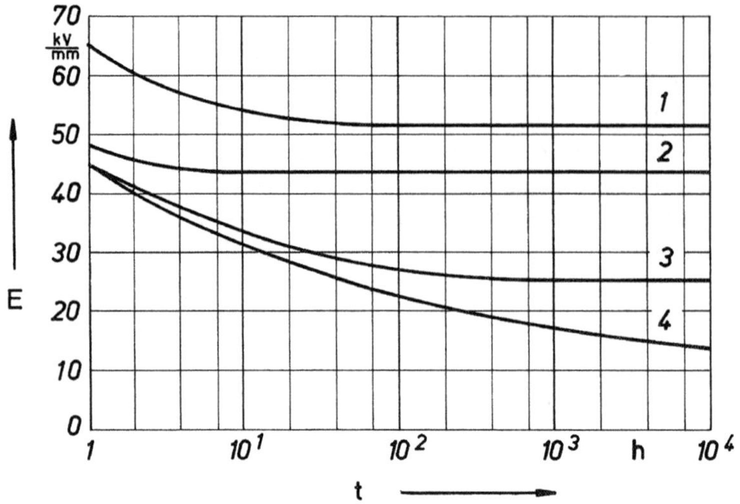


**Bild 14.5** Zeit-Durchschlagfestigkeiten verschiedener Kabeltypen
1 Druckkabel, 2 Ölkabel, 3 Gasinnendruckkabel, 4 Massekabel

Aus den *Lebensdauerkurven* (Bild 14.5), die die Durchschlagsfeldstärke über der Zeit zeigen, erkennt man, daß diese Kurven für Höchstspannungskabel selbst nach längerer Zeit einen bestimmten Grenzwert nicht unterschreiten, weil keine Schädigung des Dielektrikums durch Ionisationserscheinungen auftreten kann. Eine solche Alterung führt bei Massekabeln zu einer stetigen Abnahme der Durchschlagfestigkeit, so daß hier eine echte Dauerdurchschlagfestigkeit überhaupt nicht angegeben werden kann. Das Verhältnis der Dauerdurchschlagfestigkeit zur Betriebsfeldstärke ist ein Maß für den Sicherheitsfaktor; besonders günstige Werte werden beim Druckkabel erreicht. Die Dauerdurchschlagfestigkeit fällt im Bereich der Betriebstemperaturen weder beim Druck- noch bei einem Ölkabel wesentlich mit steigender Temperatur.

Auch hinsichtlich der *Stoßspannungsfestigkeit* ist das Druckkabel günstig. Infolge der hohen Viskosität der Tränkmittel, die in Druckkabeln eingesetzt werden, nimmt die Stoßspannungsfestigkeit – ähnlich wie bei den Gasinnendruckkabeln – mit steigender Temperatur ab, hat jedoch bei 90 °C noch einen Wert von 90 ... 100 kV/mm für die Stoßwelle. 1,2|50 µs. In diesem Bereich liegt auch die Stoßspannungsfestigkeit von Ölkabeln, die bis zu dieser Temperatur kaum temperaturabhängig ist, während für Gasinnendruckkabel Werte von 90 ... 100 kV/mm für Raumtemperatur und Werte von 70 ... 80 kV/mm bei 90 °C angegeben werden.

Die *Belastbarkeit* eines Druckkabels entspricht derjenigen eines Dreileiter-Ölkabels. Im Dreieck gebündelt verlegte Einleiter-Ölkabel können infolge der für eine Ableitung der Wärme günstigeren Bedingungen und der in dieser Anordnung sehr geringen Induktionsverluste höher belastet werden; dies reicht jedoch nur selten dazu aus, daß der Leiterquerschnitt kleiner gewählt werden kann. Die Belastbarkeit von Gasinnendruckkabeln ist geringer, da der Wärmewiderstand der Isolierung infolge des Gasgehaltes und einer gegebenenfalls auch dickeren Isolierung größer ist.

- Wirtschaftlichkeit

Die Frage nach dem wirtschaftlichsten Kabeltyp kann nicht allgemeingültig beantwortet werden. Sie erfordert eine eingehende Untersuchung aller Betriebsverhältnisse, die von Fall zu Fall sehr unterschiedlich sein können. Dabei sind die *Kosten für Anschaffung* und Verlegung der Kabel nicht allein ausschlaggebend, sondern es sind darüber hinaus auch die jährlichen Verlustkosten zu beachten. Bei kurzen Strecken liegen die Anschaffungskosten für ein Druckkabel infolge der ziemlich teuren Endverschlüsse und der Sonderkosten für die Stahlrohrleitung meist höher als für ein Ölkabel oder Gasinnendruckkabel. Bei längeren Strecken dagegen erfordert ein Ölkabel viele Druckausgleichsgefäße und in Strecken mit größeren Höhenunterschieden außerdem noch besonders aufwendige Sperrmuffen, so daß hier ein Druckkabel oft Vorteile bietet. Eine Untersuchung der *Verlustkosten*, der die Verhältnisse für das 110 kV-Verteilungsnetz einer Großstadt zugrunde gelegt waren, ergab, daß Einleiter-Ölkabel mit magnetischer Bewehrung dem Druckkabel wirtschaftlich unterlegen sind, wenn sie – wie zur Erzielung einer großen Strombelastbarkeit üblich – in einer Ebene verlegt werden. Erst Ölkabel mit einer teuren unmagnetischen Bewehrung haben beim Verlegen im Dreiecksverband so kleine Verluste, daß sie nach längerer Zeit zu einem geringfügigen wirtschaftlichen Vorteil führen können.

**Literatur**


*G. Buß* und *H. Heumann*, Übersicht über den Stand der Höchstspannungs-Kabeltechnik im In- und Ausland, ETZ 49 (1950) S. 5–10

*B. Hansson*, Remarks to Research on the Electric Breakdown of Fully Impregnated Paper Insulation for High-Voltage Cables, Trans. AIEE 74 (1955) S. 1357–1358

*H. W. Lücking*, Der Entwicklungsstand des Druckkabels nach 25jähriger Betriebsbewährung, ETZ-A 79 (1958) S. 761–768

*H. J. Heinemann*, Gasinnendruckkabel mit gewelltem Aluminiummatel, El. wirtsch. 59 (1960) S. 222–226

*H. W. Lücking* und *W. Ochel*, Einige Erfahrungen über Höchstspannungskabel mit gewelltem Aluminiummantel, CIGRE-Ber. 224/1960

*H. J. Heinemann*, Höchstspannungskabel für städtische und industrielle Verteilernetze, Bull. SEV 56 (1965) S. 464–470

*H. W. Lücking*, Druckkabel für 220 kV, ETZ-B 19 (1967) S. 633–637


# 15 Höchstspannungskabel mit einem Kunststoffdielektrikum

## 15.1 Einsatz von Polyäthylen

Die Erfahrungen mit Polyäthylen als Kabelisolierung im Mittelspannungsbereich waren so gut und Mitte der 60er Jahre auch hinreichend, daß zwangsläufig Höchstspannungskabel mit einem Feststoffdielektrikum aus Polyäthylen auf den Markt kamen. Bei diesen Kabeln muß durch entsprechende Prüfungen nach der Fertigung und angemessene Betriebsbedingungen die Hohlraumfreiheit in der Kabelisolierung sichergestellt werden. Im

Betrieb sind sie dann *wartungsfrei*, während bei den Höchstspannungskabeln mit einem ölimprägnierten Papierdielektrikum ein Öl- oder Gasdruck aufrecht erhalten werden muß, um eine zum Kabeldurchschlag führende Ionisierung in Hohlräumen der Isolierung zu verhindern. Somit entfallen Störmöglichkeiten durch Leckagen, deren Ortung oft schwierig und zeitraubend ist. Für Höchstspannungskabel mit einer Polyäthylenisolierung sprechen weiterhin auch die Argumente, die bei Mittelspannungskabeln zu einer Verdrängung der Massekabel geführt haben:

- Das geringere Kabelgewicht,
- die leichtere Verlegung größerer Längen,
- die einfache und saubere Garniturenmontage und
- die hervorragenden Betriebseigenschaften, die sich aus der kleineren Dielektrizitätskonstante und dem äußerst geringen Verlustfaktor ergeben.

Polyäthylenisolierte Höchstspannungskabel sind Kabel in Einleiterausführung und haben im Prinzip den gleichen Aufbau wie Mittelspannungskabel:

- Über dem mehrdrähtigen Leiter liegt als Leiterglättung eine innere Leitschicht aus leitfähigen Polyäthylen-Copolymeren mit Polyisobutylen,
- darüber folgt die gleichzeitig aufgebrachte und dadurch innig mit der Leitschicht verschweißte Isolierung und
- wiederum aus leitfähigen Copolymeren die äußere Leitschicht.
- Danach kommt ein leitfähiges Polster, der Schirm aus Kupferdrähten, wiederum ein Polster und
- schließlich der Außenmantel aus PVC.

Der für die Qualität des Kabels entscheidende Fertigungsschritt ist das Aufbringen der Isolierung mit den beiden Leitschichten, vor allem die lückenlose Verschweißung mit der inneren Leitschicht, da hier die Feldstärke höher als am Übergang zur äußeren Leitschicht ist. Innere Leitschicht und Isolierung werden in jedem Fall in einem Arbeitsgang aufgebracht, dem dann zur Kontrolle der Hohlraumfreiheit unter Umständen der Durchlauf durch eine Elektrodenanordnung zur Messung des Ionisationsverhaltens folgt.

Der heutige Stand der Fertigungstechnologie erlaubt aber auch in Verbindung mit moderner Meßtechnik eine direkte *Dreifachextrusion* aller drei Schichten. Dabei arbeitet der Isolierextruder gemeinsam mit zwei kleineren Extrudern für die beiden Leitschichten auf einen Dreifachspritzkopf, in dem die innere Leitschicht, die Isolierung und die äußere Leitschicht gleichzeitig ausgeformt und auf den Leiter aufgebracht werden. Bei dieser Methode erreicht man die Verbindung der drei Schichten unmittelbar im Schmelzfluß und schließt jedes Verschmutzungs- oder Beschädigungsrisiko aus. Die anschließende Kühlung der Kabelseele erfolgt in mehreren aufeinanderfolgenden Kühlbecken. Die Kühlmitteltemperaturen sind – auch innerhalb der Becken – nach genauen Rechenprogrammen sorgsam abzustufen, um die Entstehung von schädlichen, abkühlbedingten mechanischen Spannungen in der Isolierung zu verhindern. Die anschließende Aufbringung des Schirmes und des Korrosionsschutzes ist unproblematisch.

Das erste in Deutschland gefertigte Höchstspannungskabel mit einer Polyäthylenisolierung wurde 1968 von Felten & Guilleaume bei der BEWAG in einer Länge von 10 km installiert. Insgesamt dürften heute über 200 km solcher Kabel in der Bundesrepublik in Betrieb

sein. Trotz guter Betriebserfahrungen werden sie vielfach noch mit einer gewissen Skepsis betrachtet, und bei Neuanlagen werden dann klassische Höchstspannungskabelanlagen mit einer ölimprägnierten Papierisolierung bevorzugt. Anders ist die Situation in Frankreich, wo von 1962 bis 1978 schon 1200 km Höchstspannungskabel mit einer Isolierung aus Polyäthylen verlegt wurden, darunter 207 km für eine Betriebsspannung von 225 kV. Charakteristisch für die französische Technik ist, daß Kabel für eine Verlegung in feuchter Umgebung einen feuchtigkeitsdichten *Bleimantel* erhalten, da Feuchtigkeit das Alterungsverhalten von Kunststoffen ungünstig beeinflußt.
In Schweden, Japan und USA wird die Polyäthylenisolierung zusätzlich *vernetzt*, um eine Erhöhung der dauernd zulässigen Betriebstemperatur und der im Kurzschlußfall zulässigen thermischen Kurzzeitbeanspruchung zu erhalten. Möglicherweise ist auch das Alterungsverhalten einer vernetzten Kabelisolierung günstiger als bei einer unvernetzten. Bei grundsätzlich gleichem Kabelaufbau besteht der wesentliche Unterschied bei der Kabelherstellung darin, daß eine mit chemischen Vernetzungsmitteln versehene PE-Mischung auf den Leiter extrudiert wird und die Ader nicht in ein offenes Kühlbecken, sondern unmittelbar aus dem Spritzkopf in ein Vulkanisationsrohr einläuft, in dem sich der Vernetzungsvorgang im Durchlauf unter Wärme und Druck vollzieht.
Aus den Erfahrungen im Mittelspannungsbereich läßt sich voraussagen, daß Höchstspannungskabel mit einem Kunststoffdielektrikum zunehmend weitere Anwendung finden und dabei in Deutschland ein Dielektrikum aus vernetztem Polyäthylen haben werden, das in vielen Fällen durch einen Metallmantel gegenüber Umwelteinflüssen geschützt sein wird.

## 15.2 Beurteilung des elektrischen Verhaltens

Polyäthylen, ob vernetzt oder unvernetzt, ist äußerst *glimmempfindlich*, d.h. eine Kabelisolierung mit teilentladungsfähigen Hohlräumen ist nicht betriebstüchtig und muß verworfen werden. Allgemein gelten Entladungsintensitäten bis 5 pC bei einer Meßspannung von 2,0 $U_0$ als tolerierbar. Das Meßprinzip beruht darauf, daß Teilentladungen, die durch die anliegende Spannung angeregt werden, hochfrequente Spannungsimpulse hervorrufen, die sich der Meßspannung überlagern. Sie müssen ausgefiltert, verstärkt und zur Anzeige gebracht werden. Bei der geringen Bemessungsgrenze von 5 pC sind solche Messungen nur in elektrostatisch geschirmten Räumen möglich, in denen der Störpegel infolge äußerer Einflüsse unter 2 pC gehalten werden kann.
Entladungen in Hohlräumen breiten sich als Glimmfiguren im Kabeldielektrikum schnell weiter aus, verkürzen die Isolierungswandstärke und führen so zu einem Kabeldurchschlag. Der Ablauf der elektrischen Zerstörung ist also ähnlich wie bei einem papierisolierten Massekabel, verläuft aber wesentlich schneller, da dem Polyäthylendielektrikum die Schottwirkung der geschichteten Papierisolierung fehlt. Um die Widerstandsfähigkeit von Polyäthylen gegenüber Glimmentladungen zu erhöhen, mußte also nach Wegen gesucht werden, diese durch chemische Zusätze zu verbessern.
Der große Umfang der notwendigen Untersuchungsreihen erforderte eine im Laboratorium durchführbare Methode, in kleinen Probekörpern schnell Glimmfiguren zu erzeugen. Dazu hat sich allgemein ein *Nadel-Test* durchgesetzt. Hierfür werden Platten von 25 mm × 25 mm × 6 mm gepreßt, in die unter vorsichtigem Erwärmen bis nahe unter

den Schmelzpunkt eine Nadel eingetrieben wird. Die Nadel läuft in einer Spitze aus, die einen Öffnungswinkel von 30° und einen Rundungsradius von weniger als 1 $\mu$m hat. Sehr wichtig ist, daß ein Aufreißen des Polyäthylens vor der Spitze vermieden wird und auch sonst keine Hohlräume vor der Spitze entstehen.
Legt man an die Nadeln einer nicht zu klein gewählten Anzahl von Proben eine genügend hohe Spannung, so werden sich Glimmfiguren bilden. Die Spannung, bei der die Hälfte der geprüften Proben Glimmfiguren aufweist, wird *charakteristische Spannung* genannt. Zu ihrer genauen Bestimmung muß bei mehreren Spannungen geprüft werden. Um eine Glimmfigur erkennen zu können, wird, wenn nötig, die einzelne Probe nach der Spannungsbeanspruchung kurz bis in die Nähe ihres Schmelzpunktes erwärmt. Sie wird dann durchsichtig, und die Umgebung der Nadelspitze kann unter einem Mikroskop betrachtet werden.
Charakteristische Spannungen handelsüblicher Polyäthylenarten liegen zwischen 15 kV und 25 kV. Durch Zusatz bestimmter flüssiger aromatischer Kohlenwasserstoffe können diese Werte durchaus verdreifacht werden. Es ist wichtig, daß mit der charakteristischen Spannung ein statistisches Maß eingeführt ist. Das Verhalten polyäthylenisolierter Kabel läßt sich nur als ein *Wahrscheinlichkeitsverhalten* beschreiben und unterscheidet sich damit wesensmäßig von den papierisolierten Kabeln.
Durch die Ermittlung der charakteristischen Spannung ist lediglich ein relatives Maß gewonnen, um unterschiedliche Polyäthylenarten vergleichen zu können. Während in der gepreßten Polyäthylen-Platte keine Richtung bevorzugt ist, sind in der Isolierung eines Kabels durch den Extrusionsvorgang die langen Kettenmoleküle des Polyäthylens im wesentlichen in Längsrichtung geordnet. In der Führung des Extrusionsvorgangs, wozu auch die nachgeschaltete Abkühlung gerechnet werden muß, liegt das wesentliche Know-how für die Herstellung eines Höchstspannungskabels mit einer Isolierung aus Polyäthylen.
Während die ersten Höchstspannungskabel so dimensioniert waren, daß im Betrieb eine Leiterfeldstärke von 5 kV/mm auftrat, sind heute bereits Kabel mit *Betriebsfeldstärken* im Einsatz, wie sie auch bei papierisolierten Kabeln nicht überschritten werden, d.h. also von 10 ... 12 kV/mm.
Bei einem Vergleich mit den klassischen Kabeln darf folgendes nicht übersehen werden:
Maßgebend für die Dimensionierung einer ölimprägnierten Papierisolierung ist die Durchschlagfestigkeit gegenüber Stoßspannungsbeanspruchungen. Diese kann man bei den höchstzulässigen Betriebstemperaturen von 85 °C mit 90 ... 100 kV/mm angeben. In den Dauerdurchschlagfestigkeiten gegenüber den Wechselspannungsbeanspruchungen sind dann zwangsläufig hohe Sicherheitsfaktoren von 4 ... 5 gegeben.
Bei den kunststoffisolierten Kabeln ist es genau umgekehrt. Gegenüber Stoßspannungsbeanspruchungen weisen sie hohe Sicherheiten auf. Ihre Isolierung wird so bemessen, daß ihre *statistische Lebensdauerkurve* nach 30 Jahren die Betriebsspannung unterschreitet, wobei der Temperatureinfluß am schärfsten durch tägliche Lastwechsel simuliert werden kann.
Auf diesem heute erreichten Niveau einer Betriebsfeldstärke von 10 ... 12 kV/mm, wie sie auch schon der Dimensionierung von 220 kV-Kabeln zugrunde gelegt wurde, ist eine Diskussion in Gang gekommen, ob dieser Erfolg mehr einer sophistischen Fertigungstechnologie zuzuschreiben oder erst durch *aromatische Kohlenwasserstoffe* ermöglicht

ist, die dem Basis-Polyäthylen neben den üblichen Alterungsstabilisatoren zugesetzt werden.
Sicherlich hat die Fertigungstechnologie inzwischen einen Stand erreicht, wie er früher nur durch „Spannungsstabilisatoren" – wie die schlechte Übersetzung von "voltage stabilizing additives" lautet – bewirkt werden konnte. Deswegen auf sie zu verzichten, oder sie sogar als „Verunreinigungen" im Kristallitgefüge zu werten, erscheint jedoch solange verfrüht, als ihre Wirkungsweise – vor allem im Langzeitbetrieb – nicht genauer bekannt ist.
Kristallographische Untersuchungen haben gezeigt, daß im festen Polyäthylen die kristallinen und amorphen Bereiche getrennt vorliegen. Wird nun eine flüssige Phase in geringer Menge eingebracht, so liegt diese auch als eigener Zustand vor, ohne die Kristallisation zu behindern. Es erscheint plausibel, daß die feinsten Zwischenräume zwischen den Molekülen im amorphen Bereich durch diese flüssigen Stabilisatoren ausgefüllt werden und so die elektrische Durchschlagfestigkeit erhöht wird. Ebenso kann die Stabilisatorflüssigkeit in kleinste Gaseinschlüsse diffundieren und so deren Ionisierung verhindern. Eine andere Deutung zur Wirksamkeit der Stabilisatoren geht davon aus, daß die Bildung großer Raumladungsdichten speziell an den Oberflächen der kristallinen Bereiche durch einen Ladungsausgleich infolge des geringeren Isolationswiderstandes der Flüssigkeit gegenüber dem Polyäthylen verhindert wird.

### 15.3 Alterung durch "Water treeing"

Alle polymeren Kunststoffe nehmen aus ihrer Umgebung – wenn auch in unterschiedlichem Maße – Feuchtigkeit auf, sobald ein Temperatur- und Feuchtigkeitsgefälle gegenüber der Umgebung besteht. Diese diffuse *Feuchtigkeitsaufnahme* ist zwar mit einer Verschlechterung der dielektrischen Eigenschaften verbunden, stellt aber das Isolationsvermögen in den werkstoffmäßig zulässigen Temperaturbereichen zunächst nicht in Frage. Unter dem Einfluß des elektrischen Feldes bewirken aber elektrokinetische Vorgänge, daß Wasser längs zusammenhängender Bahnen in das Gefüge der Isolierung eindringt. Bei mikroskopischer Betrachtung weisen die Erscheinungsbilder Analogien zu elektrischen Glimmfiguren auf. Im Unterschied zu diesen "Electrical trees" bezeichnet man sie gerne als "Water trees".
"Water treeing" beginnt leicht an *Störstellen* der Isolierung, die zu einer Feldstärkeerhöhung führen. Dies können Unebenheiten auf den Leitschichten oder Mikrohohlräume und Verunreinigungen in der Isolierung sein. Es sind also die gleichen Stellen, an denen auch elektrische Entladungen einsetzen, sobald die örtliche Ionisationseinsetzspannung überschritten ist. Während hierbei ein Kabeldurchschlag die schnelle Folge ist, bewirkt die Ausbreitung der "Water trees", die bei wesentlich geringeren Feldstärken beginnt, eine langsame *Gefügezerstörung* des Kunststoffdielektriktums. Im Laufe der Zeit – meist erst in der Größenordnung einiger Jahre – ist dann das partielle Isoliervermögen so weit aufgehoben, daß aus "Water trees" eine Glimmentladung zündet und so den elektrischen Durchschlag des Kabels einleitet.
Die Unterdrückung des "Water treeing" muß als die wesentliche Aufgabe angesehen werden, wenn die bei Mittelspannungskabeln bewährte Polyäthylenisolierung auch bei Höchstspannungskabeln, die aus ökonomischen Gründen mit einer höheren Betriebsfeld-

stärke beansprucht werden müssen, zu einer angemessenen Lebensdauer führen soll. Dazu dienen zunächst alle *Maßnahmen*, die auch den Einsatz einer elektrischen Glimmentladung verhindern:

- Verunreinigungen der Isolierung müssen durch hohe Anforderungen an den Reinheitsgrad des Isoliermaterials und durch Einsatz von Sieben im Extruder ausgeschlossen sein,
- die Grenzflächen der leitfähigen Schichten müssen frei von Unebenheiten und mit der Isolierung fest verschweißt sein,
- Hohlräume in der Isolierung dürfen nicht auftreten.

Denkbare Lösungen sind aber auch:

- Chemische Zusätze zu den Polyäthylen-Kompounden, durch die das Auftreten und die Ausbreitung der "Water trees" verhindert wird,
- Vernetzungsverfahren, die auf Wasserdampf als Wärmeübertrager verzichten,
- Außenhüllen aus PVC, das hygroskopische anorganische Zusätze enthält, oder besser aus nahtlosen Metallmänteln.

Die Situation ist ähnlich wie bei den papierisolierten Massekabeln zu Beginn der 20er Jahre. Auch diese hatten sich im Mittelspannungsbereich bestens bewährt. Im Höchstspannungsbereich traten jedoch Schwierigkeiten auf, als sie aus ökonomischen Gründen mit höheren Betriebsfeldstärken beansprucht werden sollten:

- In Hohlräumen wurde die Ionisationseinsetzspannung überschritten und elektrische Glimmentladungen führten zum Kabeldurchschlag.
- Die Tränkmittel polymerisierten im elektrischen Feld zu sogenanntem Kabelkäse, so daß die ausgetrocknete Isolierung ihre dielektrische Festigkeit verliert.

Die Analogien zum "Electrical treeing" und "Water treeing" bei den kunststoffisolierten Kabeln liegen auf der Hand. Beim ölgetränkten Papierdielektrikum ermöglichte schließlich die technische Maßnahme, das Kabel unter Öl- oder Gasdruck zu setzen, eine Ausdehnung des Anwendungsbereichs bis zu den höchsten Betriebsspannungen.

## 15.4 Trockenvernetzung bei Höchstspannungskabeln

Um die Makromoleküle von Polyäthylen zu vernetzen und dadurch den thermoplastischen Werkstoff fast ohne Beeinträchtigung seiner guten elektrischen Eigenschaften in ein thermoelastisches Material zu verwandeln, wird bei Höchstspannungskabeln in großem Umfang von der Peroxid-Vernetzung Gebrauch gemacht. Organische Peroxide, die dem Polyäthylen zu 2 ... 3 % beigemischt werden, zersetzen sich bei höheren Temperaturen. Die auftretenden Radikale mit einem freien Elektron am Sauerstoffatom streben aufgrund ihres hohen Energiegehaltes einen energetisch günstigeren Zustand an, indem sie dem Polyäthylen-Molekül ein Wasserstoffatom entziehen. An solchen Stellen werden intermolekulare Querverbindungen zwischen den Makromolekülen des Polyäthylens möglich, und schließlich entsteht durch eine mehrmalige Verknüpfung ein räumliches Netzwerk aus Molekülketten. In Bild 6.1 sind diese Reaktionen schematisch dargestellt.

Die zur Zersetzung der Radikalbildner benötigte Energie wird seit längerem mit Hilfe von Wasserdampf, der bei 20 bar etwa eine Temperatur von 200 °C hat, unmittelbar hinter dem Extruder in die Kabelisolierung eingebracht. In dieser Dampfzone, in der

die Vernetzung erfolgt, werden die flüssigen und gasförmigen Vernetzerrückstände zunächst im Extrudat gelöst und bei der anschließenden Abkühlung teilweise in der Isolierung „eingefroren". Da die Abkühlung radial unterschiedlich schnell erfolgt, kann es durch mechanische Spannungen zu einer Bildung feinster Risse und Spalten kommen. Typisch für eine dampfvernetzte Isolierung sind auch kugelförmige Hohlräume von etwa 10 $\mu$m Durchmesser, für die sich der Name *Mikrovoids* eingeführt hat.
Diese Mikrovoids enthalten Reaktionsprodukte der Vernetzungsmittel und natürlich auch Feuchtigkeit aus dem Fertigungsprozeß; ein Gleichgewichtszustand mit der Umgebung wird sich nach einiger Zeit durch natürliche Diffussion einstellen, der durch Tempern auch noch beschleunigt zu erzielen ist. Die verbleibende Feuchtigkeit kann – in gleicher Weise wie von außen oder noch gefährlicher aus dem Leiterseil in die Isolierung eindiffundierende Feuchtigkeit – zu den "Water trees" führen und so den Alterungsprozeß beschleunigen. Es werden deshalb andere Vernetzungsverfahren diskutiert, bei denen

- statt der Dampfvernetzung eine andere Art der Wärmeübertragung gewählt wird oder
- aber die peroxidische Vernetzung durch andere Radikalbildner ersetzt wird.

Am aussichtsreichsten dürfte der von NOKIA entwickelte CDCC-Prozeß des Completely Dry Curing and Cooling sein. Bei dieser *Trockenvernetzung* kommt die Kabelisolierung zu keiner Zeit während ihrer Fertigung mit Wasser in Berührung. Äußerlich unterscheidet sich eine CDCC-Anlage kaum von der kontinuierlichen Vernetzung unter Dampf. Das Vernetzungsrohr ist jedoch in seiner ganzen Länge mit Stickstoff gefüllt, der durch Strahlungsenergie aufgeheizt wird. Dazu wird die Rohrwandung induktiv auf 500 °C erwärmt, um die Kabelisolierung trotz des schlechten Wärmeleiters Stickstoff in kurzer Zeit auf die materialzulässige Oberflächentemperatur zu bringen. Anschließend gelangt das Kabel in die Kühlzone, in der zirkulierender Stickstoff eine Abkühlung auf die Austrittstemperatur von 60 ... 70 °C bewirkt.
Die Vernetzung erfolgt wie bei der Dampfvernetzung unter Druck. Während jedoch bei jener Druck und Temperatur des Dampfes in Korrelation stehen, besteht bei der Trockenvernetzung die Möglichkeit, Druck und Temperatur unabhängig voneinander zu steuern. Drucklos können die Kabel nicht gefertigt werden, da eine Bläschen- oder gar Rißbildung in der Isolierung vermieden werden muß.

## 15.5 Lebensdauer-Gesetz kunststoffisolierter Kabel

Die Teilentladungsfreiheit ist eine notwendige Voraussetzung für ein Kabel mit einer Isolierung aus vernetztem oder unvernetztem Polyäthylen, sagt aber noch nichts über dessen Betriebsverhalten aus. Hierfür ist die elektrische Langzeitfestigkeit maßgebend. Die Ermittlung dieser Langzeitfestigkeit ist jedoch sehr zeitaufwendig und speziell bei Höchstspannungskabeln mit hohen Kosten verbunden. Deshalb hat es sich eingebürgert, statistische Verfahren anzuwenden, die auf der Basis von Kurzzeitwerten eine Extrapolation in den Langzeitbereich ermöglichen sollen. Dabei hat sich die speziell für die Beurteilung von zerstörenden Prüfungen geeignete, 1957 von W. Weibull angegebene und nach ihm benannte Verteilung durchgesetzt.
Man muß aber wissen, daß Weibull seine Statistik als rein mathematische Beschreibung des Verhaltens völlig identischer, parallelgeschalteter homogener Probekörper erarbeitet

hat. In diesem Sinne wird eine wichtige Voraussetzung bereits nicht erfüllt, wenn in der Kabelisolierung an einer Stelle eine lokale Verunreinigung enthalten ist. Eine weitere Kritik an der Anwendung der Weibull-Statistik auf das Durchschlagsverhalten von kunststoffisolierten Kabeln hat sicherlich auch davon auszugehen, daß die Beanspruchung in radialer Richtung und vor allem an den Grenzschichten der Isolierung zu den Leitschichten unterschiedlich ist. Bei Kabeln muß es deshalb auch einen statistischen Volumeneffekt geben.

Aus Zeitdurchschlagsuntersuchungen, die zweckmäßigerweise nicht ohne Heizwechsel gemacht werden sollten, lassen sich die gewonnenen Meßpunkte durch Geraden verbinden, wenn man ein Koordinatensystem mit doppel-logarithmischen Maßstab für Feldstärke und Zeit wählt (Bild 15.1). Das bedeutet, daß die Durchschlagsfeldstärke E und die Beanspruchungsdauer t gemäß folgender Gleichung zusammenhängen:

$$E^N \cdot t = \text{constant},$$

die allgemein als *Lebensdauer-Gesetz* bezeichnet wird. Der die Neigung der Lebensdauerkurve angebende Exponent N ist eine Konstante, solange die Durchschläge aus derselben Ursache resultieren.

Die *Weibull-Statistik* erlaubt nun diesen Lebensdauerexponenten statistisch zu interpretieren, also eine Aussage über die Höhe der elektrischen „Restfestigkeit" nach einer bestimmten Beanspruchungszeit zu machen, beispielsweise über die zu erwartende Lebensdauer bei einer vorgegebenen Betriebsspannung. Nach Weibull ist die Ausfallwahrscheinlichkeit p in Abhängigkeit der Verteilungen bei konstanter elektrischer Feldstärke E (erster Klammerterm) bzw. bei konstanter Prüfdauer t (zweiter Klammerterm)

$$p(t, E) = 1 - \exp\left[\left(\frac{t}{t_0}\right)^a \cdot \left(\frac{E}{E_0}\right)^b\right].$$

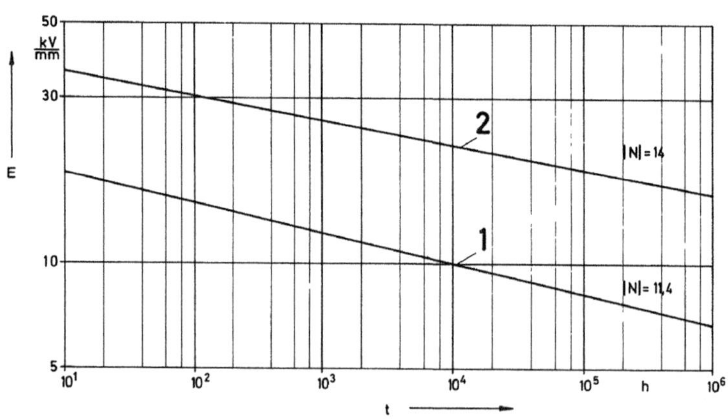


**Bild 15.1** Lebensdauerkurven von PE-isolierten Kabeln
1 für Mittelspannungen, 2 für Höchstspannungen

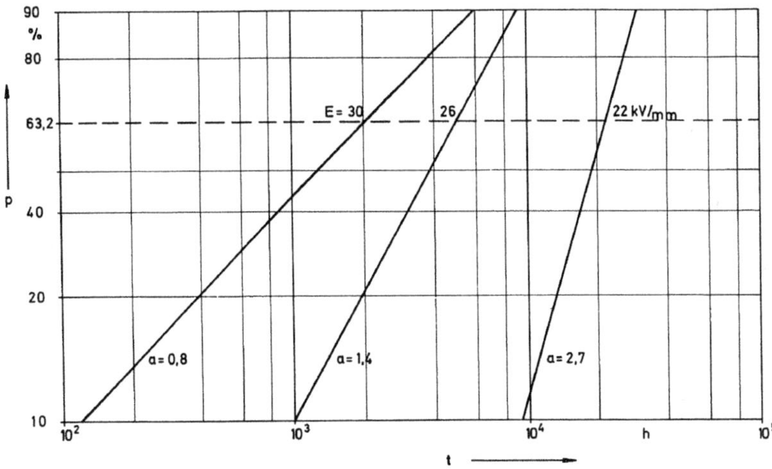


**Bild 15.2** Standzeiten von PE-isolierten Mittelspannungskabeln
1 bei 30 kV/mm Prüfspannung, 2 bei 26 kV/mm Prüfspannung, 3 bei 22 kV/mm Prüfspannung

Eine Weibull-Verteilung kann auf Spezialpapier, wie in Bild 15.2, durch eine Gerade angenähert werden. Diese Gerade ist bestimmt

- einmal durch die Kenngrößen $t_0$ bzw. $E_0$, d.h. der Zeit $t_0$, bei der unter Einwirkung der Spannung $E_0$ bis zu 63,2 % der Exemplare des Prüfkollektives ausgefallen sind, und
- zum anderen durch den Weibull-Slope a bzw. b, der jeweils ein Maß für die Neigung der Wahrscheinlichkeitsgeraden im Fall E = const bzw. t = const ist.

Von besonderer Bedeutung ist der Slope a, der die *zeitliche Streuung* der Ausfälle bei konstanter elektrischer Feldstärke E wiedergibt und somit von Einfluß auf die zeitliche Ausfallrate der Einzelelemente der Stichprobe ist.

- Für $a < 1$ nimmt die Ausfallrate mit zunehmender Zeit ab, wodurch die sogenannten Frühausfallverteilungen charakterisiert sind.
- Für $a = 1$ bleibt die Ausfallrate über der Zeit konstant.
- Für $a > 1$ nimmt die Ausfallrate mit zunehmender Zeit zu, was durch Auftreten von Alterungsprozessen erklärt werden kann.

Mit dem Lebensdauergesetz sind die Slopes a und b der Weibull-Verteilung durch die Beziehung

$$|N| = \frac{b}{a}$$

verknüpft. Man hat somit die Möglichkeit, aufgrund von Spannungssteigerungsprüfungen, mit denen b und $E_0$ ermittelt werden, und relativ kurzzeitigen „Dauerspannungs"-Prüfungen, mit denen a und $t_0$ bei konstantem E bestimmt werden, praxisgerechte Vorhersagen über die Lebensdauer bzw. die Zuverlässigkeit eines kunststoffisolierten Kabels zu machen.

**Literatur**

*H. P. Geis* und *H. Pairitsch*, Voraussetzungen für die Herstellung PE-isolierter Hochspannungskabel, ETZ-B 20 (1968) S. 301–304

*D. Eichmann* und *G. Schröder*, Neue Wege zur Qualitätsverbesserung von Energiekabeln mit PE- oder VPE-Isolierung, Siemens-Z. 50 (1976) S. 485–490

*E. F. Peschke, A. Lukaschewitsch* und *G. Schröder*, Elektrische Langzeitfestigkeit von Kabeln mit PE-Isolierung und die Problematik der Extrapolation, ETG-Fachberichte 2 (1977) S. 151–155

*U. Amerpohl* und *H. Kober*, New Developments of High Voltage Cables with Extruded Insulation in Germany, CIGRE-Ber. 21-11/1980, Part I

# 16 Hochleistungskabel

## 16.1 Thermische Grenzleistungen

Über größere Entfernungen wird elektrische Energie seit nahezu 100 Jahren übertragen. Es begann 1882 mit der 60 km langen Gleichstrom-Freileitung zwischen Miesbach und München. Die erste Drehstromübertragung folgte neun Jahre später auf der 175 km langen Strecke zwischen Lauffen am Neckar und Frankfurt am Main. Am Anfang dieser Entwicklung war die Energieübertragung eine Transportaufgabe zu wenigen Punkten, während im Laufe der Zeit immer dichter vermaschte Netze entstanden, zu der Transport- also noch eine Verteileraufgabe hinzukam. Heute sind ausgedehnte Übertragungsnetze mit Spannungen bis 800 kV im Betrieb, in einigen Ländern bis 1200 kV in der Planung. In zunehmendem Maße kommen Höchstspannungsnetze auch in Verdichtungsräumen vor, in denen der Energie- und Leistungsbedarf besonders stark zunimmt. Die hier zu errichtenden Netze unterscheiden sich wesentlich von denen großräumiger Versorgungsgebiete. Im Gegensatz zu diesen müssen in den Verdichtungsräumen sehr große Leistungen über meist kurze Entfernungen übertragen werden. Beide Umstände beeinflussen die Wahl der Nennspannungen in diesen Netzen und damit auch die Größe der Betriebsströme der Leitungen und Geräte. Während die großräumigen Übertragungsnetze oft nur mit Freileitungen ausgeführt werden können, muß in dicht bebauten Gebieten die Energie unterirdisch mit Kabeln übertragen werden.

Üblicherweise werden *Freileitungen* mit zwei Stromkreisen belegt. 110 kV-Freileitungen sind meistens mit Einfachseilen ausgerüstet, gelegentlich auch mit Zweierbündeln. Bei 380 kV-Freileitungen überwiegt das Viererbündel, das in Deutschland auch für 750 kV-Freileitungen vorgesehen ist. Als Richtwerte für die thermisch zulässige Dauerleistung solcher Freileitungen können gelten:

110 kV 2 × 340 MVA,
380 kV 2 × 3800 MVA,
750 kV 2 × 7000 MVA.

Die thermisch zulässige Dauerleistung in Erde verlegter Höchstspannungskabel liegt demgegenüber wesentlich niedriger. Ihre Grenzleistung wird nicht allein von der höchstzulässigen Temperatur der Isolierwerkstoffe bestimmt, vielmehr spielen die Wärmeableitverhältnisse der Kabelumgebung eine oft maßgebende Rolle. In erster Näherung können als Grenzleistungen für erdverlegte *Energiekabel* mit natürlicher Kühlung folgende Werte angesehen werden:

| | | |
|---|---|---|
| 110 kV: | Rohrkabel | 50 ... 100 MVA |
| | Kunststoffkabel | 50 ... 200 MVA |
| | Ölkabel | 100 ... 200 MVA |
| 380 kV: | Rohrkabel | 150 ... 250 MVA |
| | Ölkabel | 300 ... 450 MVA |

Als größte Querschnitte der Cu-Leiter wurden bei den Rohrkabeln 1000 mm$^2$ und bei den Ölkabeln 2000 mm$^2$ und eine Ausführung als Segmentleiter zur Reduzierung der Skin- und Proximity-Verluste angenommen. Bei höheren Übertragungsleistungen werden die Mäntel der Ölkabel ausgekreuzt, um die Induktionsverluste zu unterdrücken.
Sucht man nach Möglichkeiten, die Übertragungsleistungen von Kabeln zu steigern, so hat man zunächst drei Größen zu betrachten:

- Die Übertragungsspannung wird aus technisch-wirtschaftlichen Gründen bis zum Ende dieses Jahrhunderts in Deutschland die 400 kV-Ebene weder beim Transport, noch bei der Verteilung elektrischer Energie überschreiten. Größere Leistungen können also nur durch höhere Ströme übertragen werden.
- Aus diesem Grund werden schon derzeit immer größere Leiterquerschnitte in Kabeln verwendet. Ein Leiterquerschnitt von 1000 mm$^2$ bei Rohrkabeln und von 2000 mm$^2$ bei Ölkabeln muß aber als eine sinnvolle Beschränkung angesehen werden, da sonst die Kabel zu große Durchmesser erhalten und auch zu schwer werden, so daß sie weder in der Fabrik noch zur Baustelle transportiert werden können.
- Die dritte Grenze für eine Steigerung der Übertragungsleistung eines Kabels ist durch die thermischen Eigenschaften der elektrischen Isolierung und des umgebenden Erdreiches bedingt. Als Faustregel kann gelten, daß die im Kabel erzeugte Verlustleistung nicht mehr als 70 W/m betragen darf, da die Wärme größerer Verluste nicht mehr in den umgebenden Erdboden abzufließen vermag. In vielen Fällen ist hierbei aber noch nicht die höchstzulässige Temperatur der Isolierung ausgenutzt; die Belastungsgrenze wird also durch das thermische Verhalten des Erdbodens bestimmt.

Eine Steigerung der Übertragungsleistung scheint bei Abwägung der drei genannten Gegebenheiten prinzipiell auf zwei Wegen möglich zu sein:

- Einmal kann die Übertragungsleistung durch Absenkung der im Kabel erzeugten Verluste gesteigert werden.
  - Bei den klassischen Kabelkonstruktionen ist es wichtiger, Maßnahmen zur Herabsetzung der in den metallenen Kabelmänteln auftretenden *Induktions- und Wirbelstrom-Verluste* einzuleiten, als geringere Verlustfaktoren der elektrischen Isolierung, z.B. durch Einsatz von Polyäthylen, anzustreben.
  - Bei neuartigen Kabelkonstruktionen werden die in der Wärmebilanz eines Kabels besonders gravierenden Leiterverluste reduziert, indem Gebrauch von der *Widerstandsabnahme* der Leitmetalle *bei tiefen Temperaturen* gemacht wird.

- Ein zweiter Weg, die Übertragungsleistung eines Kabels wirksam zu erhöhen, ist die *künstliche Kühlung*, durch die die Belastbarkeit des Kabels unabhängig von dem unbestimmten thermischen Verhalten des Erdbodens bzw. der Umgebung und von der thermischen Beeinflussung durch Nachbarkabel oder andere Wärmequellen wird.

Bei einer künstlichen Kühlung wird die Verlustleistung des Kabels auf strömende Medien im Wärmefeld des Kabels übertragen und über Wärmetauscher an die Luft und nur noch zu einem geringen Teil an das Erdreich abgeführt. Bei Verwendung von Flüssigkeiten, insbesondere Wasser, als Kühlmittel kann

- entweder die *Kabeloberfläche* direkt oder indirekt
- oder der *Kabelleiter* (und dieser nur direkt) gekühlt werden.

Wie in Bild 16.1 dargestellt sind also drei Arten einer Zwangskühlung zu unterscheiden:

- Die laterale Kühlung,
- die integrale Kühlung und
- die innere Kühlung.

## 16.2 Laterale Kühlung der Kabeloberfläche

Die indirekte Kühlung der Kabeloberfläche geschieht durch *Wasserrohre*, die *parallel* zu den Kabeln in den Kabelgraben verlegt werden. Sie bestehen in der Regel aus hochdichtem und damit besonders wärmebeständigem Polyäthylen. Es ist günstig, den Kabelgraben mit Magerbeton aufzufüllen. Dies hat folgende Vorteile:

- Der Magerbeton sorgt für einen guten Wärmeübergang von den Kabeln zum Kühlwasser.
- Der günstige spezifische Wärmewiderstand von Magerbeton erhöht sich kaum in Abhängigkeit vom Feuchtigkeitsgehalt und bleibt mit 120 K · cm/W annähernd konstant.
- Die Kabeladern und Kühlrohre werden in ihrer Lage fixiert, und thermomechanische Kräfte werden vom Betonblock aufgenommen.

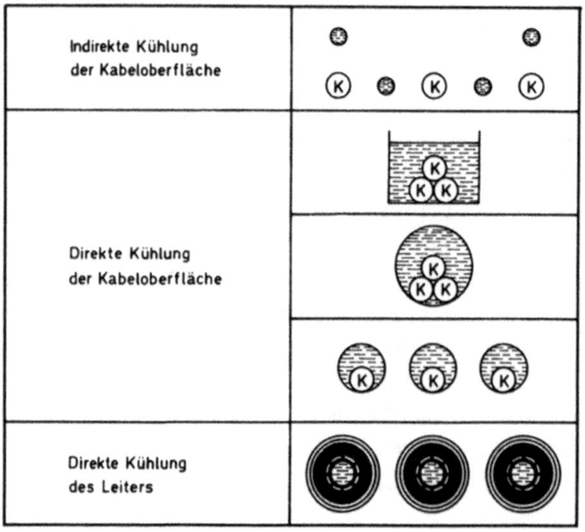


**Bild 16.1**
Möglichkeiten einer Zwangskühlung von Energiekabeln

Der Vorzug der lateralen Kühlung ist die vergleichsweise *einfache* technische *Realisierbarkeit*, basierend auf den Erfahrungen mit konventionellen Kabeln und Wasserdruckrohren aus Polyäthylen. Ihre Anwendung stößt allerdings auf Schwierigkeiten, wenn im Verlauf der Kabeltrasse Flußkreuzungen, Brücken oder dergleichen vorkommen.
Falls nicht schon Kühlwasser bestimmter Temperatur in ausreichender Menge zur Verfügung steht, wird üblicherweise beim Entwurf der Kühlstation eine Kühlung des Wassers auf etwa 25 °C vorgesehen. Die Auslaßtemperatur des Kühlwassers sollte 40 °C nicht überschreiten. Bei dieser Temperatur haben die Hartpolyäthylenrohre, die auftrommelbar mit Außendurchmessern bis zu 16 cm und Wanddicken von 15 mm geliefert werden können, eine ausreichende Lebensdauer bei einem Innendruck von 4 bar.
Innerhalb dieser Randbedingungen kann eine laterale Kühlung in vielfacher Weise variiert werden; im Einzelfall ist sie stets unter ökonomischen Gesichtspunkten zu überprüfen. In den grundlegenden Gleichungen zur Berechnung der Belastbarkeit der Kabel treten die Kühlmitteltemperaturen und ihre Differentialquotienten nach der Länge auf. Weiterhin sind die Kühlmitteltemperaturen der parallelen Kühlrohre untereinander und mit den Temperaturen der Kabel und der Umgebung thermisch gekoppelt. Daher bilden die grundlegenden Gleichungen ein System von Differentialquotienten für den Verlauf der Kühlmitteltemperaturen längs der Strecke. An keiner Stelle darf die jeweils für Kabel oder Kühlrohr zulässige Grenztemperatur überschritten werden; der höchstzulässige Belastungsstrom ergibt sich dann, wenn an mindestens einer Stelle eine solche Grenztemperatur erreicht wird.
In England wurde diese Technik schon mehrfach eingesetzt, um die Übertragungsfähigkeit von 132 kV- und 275 kV-Kabeln auf einfache Weise zu erhöhen. 1977 wurden durch die AEG-Kabelwerke bei den Stadtwerken Wien *400 kV*-Ölkabel mit einem Kupferleiter-Querschnitt von 1200 mm$^2$ verlegt, bei denen vier Wasserrohre aus Polyäthylen mit einer lichten Weite von 82 mm die Verlustleistung des Kabels von ca. 130 W/m abführen und so eine Übertragungsleistung des Kabelsystems von *1030 MVA* ermöglichen sollen.

### 16.3 Integrale Kühlung der Kabeloberfläche

Bei diesem Prinzip wird die *Kabeloberfläche* unmittelbar mit dem *Kühlmittel in Berührung* gebracht. Die bei der indirekten Kühlung entscheidenden Wärmewiderstände des Füllmaterials zwischen Kabel und Kühlmedium fallen hier also weg. Das Verfahren wird damit effektiver.
Eine erste Anwendung einer solchen Zwangskühlung fand in Deutschland 1962 bei 110 kV-Druckkabeln statt. Solche Kabel liegen in Stahlrohren, die mit Stickstoff von 15 bar gefüllt sind. Eine Umwälzung des *Stickstoffs* zur Kühlung der Kabel bietet sich also an. Die geringe Wärmekapazität und die begrenzte Strömungsgeschwindigkeit des strömenden Gases ermöglichen es jedoch nicht, bei längeren Strecken die Übertragungsleistungen in wirtschaftlicher Weise zu steigern, sondern gestatten nur die Kühlung kurzer Streckenabschnitte, auf denen thermisch ungünstige Bedingungen herrschen. Solche Stellen schränken die Belastbarkeit einer Kabelstrecke genauso ein, als wenn die ganze Strecke diesen thermisch ungünstigen Einflüssen ausgesetzt wäre. Ursachen für eine zu hohe Kabeltemperatur können

- Kreuzungen mit anderen Kabeln und Heizkanälen,
- die Nachbarschaft sonstiger fremder Wärmequellen oder

- Verlegung in Schutzrohren oder
- in sehr trockenem Boden etwa unter breiten asphaltierten Straßen sein.

Um zu einer wesentlichen Steigerung der Übertragungsleistungen zu kommen, muß *Wasser* als Kühlmittel eingesetzt und über Wärmetauscher geführt werden. Das Kabelsystem kann dabei entweder

- in einem offenen Trog mit natürlichem Gefälle oder
- in einem gemeinsamen Rohr oder
- jedes Kabel einzeln in drei Rohren

verlegt werden. Nach dem heutigen Stand der Technik stellt die letzte Lösung das leistungsfähigste System dar.

Die Grenze der Übertragungsleistung ist durch das Temperaturgefälle vorgegeben, das bei Abführung der im Leiter erzeugten Verlustwärme über die Wärmewiderstände des Kabels zwangsläufig vorhanden ist. Am einfachsten ist es, das Kühlwasser in zwei der Rohre hin, im dritten zurückzuführen. Ein solches geschlossenes System ist auch über Brücken und durch Tunnel ausführbar. Für die Rückkühlung können z.B. Kühltürme eingesetzt werden, die auch bei den bei uns üblichen Sommertemperaturen eine einwandfreie Rückkühlung garantieren.

Die integrale Zwangskühlung weist zwei technische *Schwierigkeiten* auf:

- In den Trögen oder Rohren können sich die Kabeladern entsprechend der Ausdehnung oder Zusammenziehung bei wechselnder Last in komplizierter Weise bewegen. Es muß beachtet werden, daß weder die Kühlrohre durch das sich aufbäumende Kabel beschädigt werden, noch umgekehrt die langsam wechselnde Schlängelung des Kabels im Rohr zu einer mechanischen Überbeanspruchung des Kabelmantels führt. Auf jeden Fall müssen die Muffen mechanisch festgelegt und der Übergang von dem starren Muffengehäuse zum flexiblen Kabel passend ausgeführt sein.
- Die hohe Übertragungsleistung erfordert bei Muffen und Endverschlüssen infolge deren gegenüber dem Kabel dickeren Isolierungen eine zusätzliche Zwangskühlung, die im einfachsten Fall durch Oszillieren des Öls im Hohlkanal von Ölkabeln hergestellt werden kann.

1975 hat Felten & Guilleaume bei den GEW Köln eine *110 kV*-Anlage erbaut, deren Übertragungsleistung von *400 MVA* im Dauerbetrieb die derzeit höchste in der Welt sein dürfte. Die Ölkabel mit Segmentleitern von 1400 mm$^2$ Kupfer sind jeweils in ein wasserführendes Polyäthylenrohr eingezogen, von denen das Vorlaufrohr eine lichte Weite von 18 cm hat und die beiden Rücklaufrohre eine solche von 15 cm haben.

Eine von Siemens erstellte *400 kV*-Anlage ist 1978 bei der BEWAG in Berlin in Betrieb gegangen, bei der in ein Freileitungsnetz zwei parallele Kabelsysteme von je 8,1 km Länge installiert sind. Jedes System vermag *1120 MVA* zu übertragen. Die Ölkabel mit Kupfer-Segmentleitern von 1200 mm$^2$ liegen einzeln in Asbestzementrohren von 250 mm Durchmesser, durch die das Kühlwasser läuft.

## 16.4 Innere Kühlung des Kabelleiters

Die dritte Möglichkeit zur künstlichen Kühlung eines Kabels ist die direkte *Kühlung des Kabelleiters*. Sie ist die wirkungsvollste, da hierbei die Verluste unmittelbar am Hauptort ihrer Entstehung vom Kühlmittel aufgenommen und abgeführt werden. Es liegt sicherlich

nahe, den zentralen Hohlkanal im Leiter eines Einleiter-Ölkabels für diesen Kühlprozeß zu nutzen. Die üblichen Querschnitte haben zwischen 10 ... 20 mm Durchmesser, wenn für die Dimensionierung des Hohlkanals nur ein ausreichend kleiner Öl-Strömungswiderstand gefordert wird, der jederzeit und an allen Stellen der Kabelisolierung einen relativ geringen Ölüberdruck sicherstellen soll. Soll das im Hohlkanal fließende Isolieröl gleichzeitig auch die Funktion der Kühlung übernehmen, so müssen die Durchmesser des Leiterkanals auf mindestens 60 mm gesteigert werden, damit bei beherrschbaren Drücken der Abstand der Kühlstationen nicht zu klein wird.
Für die praktische Dimensionierung des Hohlkanals sind u.a. die Viskosität und die spezifische Wärme des Kühlmittels bestimmend. Außerdem sind die Reinheitsforderungen, die an ein Isolieröl für eine Höchstspannungskabelisolierung zu stellen sind, nur schwer zu erfüllen, wenn dieses Öl gleichzeitig als Kühlöl mit großen Geschwindigkeiten durch Metallkanäle und Pumpeinrichtungen getrieben wird. Bei Felten & Guilleaume ist deshalb vorgeschlagen worden, in das Leiterinnere ein geschlossenes Edelstahlrohr zu legen und dadurch die Verwendung von Wasser mit seinen guten Kühleigenschaften zu ermöglichen. So können drei- bis viermal größere Kühllängen als mit Ölkühlung erreicht werden.
Für das *Kühlrohr* im Leiterinneren wurde *Edelstahl* gewählt, da dieser gegenüber einem aufbereiteten Kühlwasser erosions- und korrosionsbeständig ist.
Außerdem soll bei hinreichend großem Rohrdurchmesser die Oberfläche der inneren Rohrwandung möglichst glatt sein, um einen kleinen Reibungsbeiwert für die Kühlwasserströmung zu gewährleisten, so daß in der Zeiteinheit viel Kühlwasser den Leiter durchströmen und somit auch eine größere Verlustleistung abführen kann.
Darüber hinaus sollte der Werkstoff des Kühlwasserrohres eine Schweißtemperatur haben, die weit über der Schweißtemperatur des Aluminiumleiters liegt.
Für die Entwicklung war es bedeutsam, die Dimensionierung der Edelstahlrohre so festzulegen, daß sie bei lichten Weiten bis zu 60 mm sowohl ohne, wie auch mit aufgepreßtem Aluminiumleiter mehr als 20 mal auf- und wieder abgetrommelt werden können und dabei die Längs- und Rundschweißnähte den mechanischen Beanspruchungen gewachsen sind, und sie keine unzulässig großen Änderungen der Querschnittsabmessungen und vor allem auch keine spürbar verminderte Korrosionsbeständigkeit aufweisen.
Eine theoretische Betrachtung der induktiven Stromverdrängungsvorgänge im hochzubelastenden Kabelleiter läßt Leiterdurchmesser von 90 mm günstig erscheinen. Während die ersten Ausführungen noch Profildrähte im Leiter hatten, wird heute ein entsprechendes Aluminiumrohr unmittelbar auf das Kühlwasserrohr aufgepreßt. Der übrige Kabelaufbau entspricht von den Werkstoffen und den Abmessungen her dem Aufbau klassischer Ölkabel.
Aus Kostengründen ist es unumgänglich, Pumpen, Filter, Wärmetauscher usw. auf Erdpotential zu betreiben. Die *Endverschlüsse* bei leitergekühlten Kabeln haben also *zwei Aufgaben*:

- Einmal muß das elektrische Feld im Unstetigkeitsbereich des Kabelendes gesteuert und das Isolierölsystem druckdicht nach außen abgeschlossen werden.
- Zusätzlich muß dann aber auch noch das Potential des auf Hochspannung befindlichen Kühlwassers auf Erdpotential abgebaut werden.

Diese Aufgaben werden durch einen *Dualendverschluß* gelöst, der beide Funktionen trennt und so viele Möglichkeiten der räumlichen Anordnung eröffnet.
Der elektrische Abschluß des Kabeldielektrikums erfolgt in der bei Ölkabeln bekannten Weise, indem das Kabel mit einem Porzellanisolator druckdicht abgeschlossen und das elektrische Feld durch kapazitive Steuereinlagen abgebaut wird. Gleichzeitig wird an der Kopfarmatur der Laststrom abgenommen.
Weiterhin wird dann das an der Kopfarmatur auf Hochspannungspotential austretende Kühlwasser in einen zweiten Isolator geleitet, den es auf Erdpotential verläßt. Der Potentialabbau erfolgt dabei über den Widerstand der in der Zylinderbohrung geführten Wassersäule.
Die im Kabel aufgenommene Wärme muß zur Rückkühlung des Kühlwassers in einer Kühlstation wieder abgegeben werden. Der *Kühlwasserkreislauf* muß hinsichtlich

- der Anlagenkosten und des Kühlstationenabstandes,
- des Trassenbedarfs und der Beeinflussung anderer Systeme
- und schließlich der Ausbaubarkeit und der Störanfälligkeit des Systems

optimiert werden. Die Wahl der Rückführungsrohre spielt dabei die wesentliche Rolle:

- Ob eine oder zwei Kabeladern oder eigene Rohre benutzt werden,
- ob diese thermisch von den Kabeladern isoliert werden oder nicht, so daß eine zusätzliche laterale Kühlung eintritt, oder
- ob nur auf einer oder an beiden Seiten gekühlt wird und Pumpen installiert werden, was für die Abmessungen der Rohre von Bedeutung ist.

Felten & Guilleaume hat diese Kabel mit einer inneren Wasserkühlung für 110 kV bis zur Lieferfähigkeit entwickelt und eine Konzeption für 400 kV erarbeitet. 1979 ist unter Federführung der BEWAG ein Betriebsbewährungsversuch angelaufen, bei dem die Sicherheitsgrenzen für das hydraulische, thermische und mechanische Verhalten im praktischen Einsatz einer 1000 m-Länge mit Muffen und Endverschlüssen ermittelt werden sollen.

### 16.5 Einsatzbereiche zwangsgekühlter Kabel

Mit der Zwangskühlung der Kabel wird die Grenze beseitigt, die sich bei der natürlichen Wärmeabfuhr in die Kabelumgebung ergibt. Theoretisch könnten beliebig große Verlustleistungen aus dem Kabel abgeleitet werden. In der Praxis sind jedoch die abführbaren Verluste begrenzt, da sie über kilometerlange Rohrleitungen Wärmeaustauschern zugeführt werden müssen.
Welche Kabelbelastbarkeit bei Anwendung einer Zwangskühlung zu erzielen ist, hängt von vielen Parametern ab, deren Wahl nicht nur technisch optimiert werden muß, sondern auch eine über die Konkurrenzfähigkeit der einzelnen Systeme entscheidende, ökonomische Frage ist. Als *Faustregel* kann jedoch gelten, daß

- bei einer lateralen Kühlung die Belastbarkeit verdoppelt,
- bei einer integralen Kühlung um den Faktor 3 ... 4 und
- bei einer internen Kühlung um den Faktor 6 ... 10 erhöht werden kann.

Konkreter heißt das für das leistungsfähigste System einer direkten Leiterkühlung mit Wasser, daß 110 kV-Kabel mit einem Hohlkanaldurchmesser von 55 mm bei kurzen Kühlabschnitten von 1 ... 2 km und bei Einsatz von drei getrennten Rückführungsrohren Über-

tragungsleistungen von mehr als 1600 MVA erlauben. Durch den Stand der 110 kV-Schaltanlagentechnik sind für die nächsten Jahre die Grenzleistungen aber noch auf 800 MVA begrenzt, was Kühlstationenabstände von 5 km bedeuten würde. Andererseits könnte bei Kühlstationenabständen von 1 ... 2 km der Hohlkanaldurchmesser auf 25 ... 35 mm verkleinert werden, wenn nur 800 MVA zu übertragen sind.
Unter den gleichen Voraussetzungen könnten mit 400 kV-Kabeln mehr als 5000 MVA übertragen werden. Eine Grenzleistung von 3000 MVA erlaubt Kühlabschnittslängen bis zu 5 km, eine Grenzleistung von 2000 MVA bis zu 10 km. Bei kürzeren Kühlabschnittslängen von 1 ... 2 km läßt sich eine Leistung von 2000 MVA bereits von einem 400 kV-Kabel mit einem Hohlkanaldurchmesser von 30 mm bewältigen.
Bei allen Arten der Zwangskühlung ist der Einfluß aus der Kabelumgebung geringer als bei natürlicher Wärmeabgabe eines Kabels, und zwar steigt diese Unabhängigkeit von der indirekten, über die direkte bis zur Kühlung vom Leiter her an. Mit wachsender möglicher Übertragungsleistung wird die Verkopplung von Kabel und Kühlsystem enger und damit wächst die Möglichkeit, daß Störungen aus dem Kühlsystem auf das Kabel übergreifen. Verglichen mit natürlicher Kühlung ist bei Zwangskühlung die *Überlastungsfähigkeit* geringer, eine Reserve, die für die Praxis des Netzbetriebes Vorteile bringen kann. Fällt die Kühlung aus, so ist die zulässige Überlast bei direkter, äußerer Kühlung wegen der großen Wärmekapazität des Wassers noch relativ hoch, bei der Kühlung vom Leiter her muß dagegen schon nach wenigen Minuten ohne Kühlung der Strom drastisch verringert werden; für die indirekte Kühlung kann eine mäßige Überlastungsfähigkeit angenommen werden. Dies alles hat zur Folge, daß man im allgemeinen die jeweils schwächste Kühlung vorsieht, bei der gerade noch die gewünschte Leistung übertragen werden kann.

## 16.6 Tieftemperaturkabel

Es ist heute bereits denkbar, daß in Zukunft noch höhere Leistungen über ein Kabelsystem übertragen werden müssen oder dies wirtschaftlicher ist als die Parallelschaltung mehrerer zwangsgekühlter Kabel der konventionellen Bauarten. Es liegt nahe, nach Wegen zu suchen, wie die in der Wärmebilanz eines Kabels besonders gravierenden Leiterverluste reduziert werden können.
Der elektrische Widerstand von Metallen wie sie für Kabelleiter verwendet werden, also Kupfer und Aluminium, ist temperaturabhängig. Mit sinkender Temperatur nimmt er infolge der Verringerung der Gitterschwingungen und der dadurch verminderten Wechselwirkung mit den Leitungselektronen stetig ab. Beim absoluten Nullpunkt (0 K = – 273,2 °C) wird bei den sogenannten Normalleitern, zu denen Kupfer und Aluminium gehören, ein endlicher Grenzwert, der sogenannte Restwiderstand erreicht.
Kabel mit normalleitenden Cu- oder Al-Leitern, die

- mit flüssigem Stickstoff auf 77 K oder
- mit flüssigem Wasserstoff auf 20 K gekühlt werden,

bezeichnet man als *Kryokabel*. Der durch die Kühlung verminderte ohmsche Widerstand kann dann für eine höhere Strombelastbarkeit ausgenutzt werden. Es gibt viele Lösungsvorschläge, von denen am interessantesten erscheinen:

- Kabel mit $LN_2$-getränkter Wickelisolierung am Leiter,
- Kabel mit Vakuum als elektrische Isolierung,

- Kabel mit thermischer Isolation direkt am Leiter und darüber einer konventionellen elektrischen Isolierung.

Bei einer Betriebsspannung von 110 kV und einem Kühlstationenabstand von beispielsweise 10 km beträgt die wirtschaftliche Grenze der Übertragungsleistung 1500 MVA, bei 400 kV und demselben Kühlstationenabstand 5000 MVA. Hierzu wären hydraulische Durchmesser des Kühlmittel-Führungsrohres von ca. 150 mm notwendig, die zu Querschnittsabmessungen der Kryokabel führen, die neue Fertigungstechnologien bedingten. Bei kleineren hydraulischen Durchmessern und damit entsprechend geringeren Übertragungsleistungen nehmen die spezifischen Übertragungskosten (das sind die auf die Übertragungsleistung, die Zeit und die Länge bezogenen Kosten) stark zu, d.h. die wirtschaftliche Überlegenheit gegenüber anderen Übertragungsmöglichkeiten wird fraglich.

Noch günstigere Verhältnisse in Hinblick auf einen möglichst kleinen Leiterwiderstand und damit möglichst geringe ohmsche Verluste liegen bei einem Einsatz von *Supraleitern* vor. Bisher sind etwa 30 supraleitende Elemente und über 1000 supraleitende Verbindungen bekannt geworden.

Bei einem Supraleiter verschwindet der elektrische Widerstand sprunghaft unterhalb der sogenannten kritischen Temperatur, die bei den meisten Supraleitern unter 10 K liegt und daher nur mit flüssigem Helium (4,2 K) erreicht werden kann. Eine besonders hohe kritische Temperatur hat Niob-Zinn ($Nb_3Sn$) mit 18,1 K. Im supraleitendem Zustand ist zunächst das Leiterinnere bis auf eine sehr dünne supraleitende Oberflächenschicht von einigen $10^{-4}$ mm Dicke strom- und feldfrei. Erst beim Überschreiten einer bestimmten kritischen magnetischen Feldstärke dringt das Feld in das Leiterinnere ein.

- Beim weichen Supraleiter (Supraleiter 1. Art) geht das sprunghaft vor sich; er geht dabei ebenfalls sprunghaft in den normalleitenden Zustand zurück.
- Beim harten Supraleiter (Supraleiter 2. Art) bildet sich das Magnetfeld im Leiterinnern langsam aus. Es entsteht ein sogenannter Mischzustand durch supraleitende Lamellen in Form von Flußschläuchen. Dadurch wird der supraleitende Zustand noch aufrechterhalten, bis er mit steigender Feldstärke dann ebenfalls sprunghaft in den normalleitenden Zustand übergeht.

Jeder Supraleiter hat also eine bestimmte *kritische Stromdichte*, die nicht überschritten werden darf. Sie liegt im allgemeinen bei harten Supraleitern wesentlich höher als bei weichen Supraleitern. Störend wirken sich bei harten Supraleitern im Mischzustand Hystereseerscheinungen aus, die zu Wechselstromverlusten führen, indem Magnetisierungsenergie in Wärme umgewandelt wird. Für eine Drehstromübertragung sind also harte Supraleiter nicht geeignet.

Weiche Supraleiter, wie Blei oder Niobium, gestatten bei 110 kV und Kühlstationenabständen von 10 km Leistungen von 10 000 MVA und über mehrere 100 km noch Leistungen von etwa 1000 MVA zu übertragen. Bei nicht zu hohen magnetischen Feldstärken muß dabei die Konstruktion so gewählt werden, daß sich keine Wirbelströme in leitenden Teilen ausbilden können.

Wird ein Supraleiterkabel, z.B. im Kurzschlußfall, beim Überschreiten der kritischen Stromdichte normalleitend, so kann es zerstört werden. Besondere *Schutzeinrichtungen* gegen Überstrom sind daher unumgänglich, da eine Bemessung des Leiterquerschnitts für den möglichen Kurzschlußstrom als unwirtschaftlich ausscheidet. Die erforderliche Strombegrenzung kann eine kurze supraleitende Schutzstrecke in flüssigem Helium, ein sogenanntes Klyotron, übernehmen. Bei Überstrom wird die Schutzstrecke normalleitend und begrenzt den Strom.

### 16.7 Ultrahöchstspannungskabel

Nach dem Jahre 2000 könnte es auch aktuell werden, größere Leistungen auf höheren Spannungsebenen als heute von 400 kV zu übertragen. Die Stromübertragungsfähigkeit von Höchstspannungskabeln hängt ganz wesentlich von der Höhe der dielektrischen Verluste in der Isolierung ab. Bei 400 kV-Ölkabeln mit einem Leiterquerschnitt von 2000 $mm^2$ würde bereits ein Verlustfaktor von $5 \cdot 10^{-3}$ zu einer so starken Wärmeentwicklung in der Isolierung führen, daß die zulässige Grenztemperatur der Isolierstoffe erreicht ist, ohne daß ein Ampere über den Leiter fließt. Tatsächlich liegt der Verlustfaktor einer Öl/Papier-Isolierung bei $2 \cdot 10^{-3}$, so daß Ölkabel der klassischen Bauart bis 500 kV realisiert werden können.

Es hat nicht an Versuchen gefehlt, Spezialpapiere zu entwickeln und Kunststoffvliese oder -folien als Kabelisolierung zu erproben. Unbestritten sind Erfolge erzielt worden; die Lösung des Problems scheint aber – auch unter Beachtung wirtschaftlicher Aspekte – in der Erkenntnis zu liegen, daß durch eine Leiterkühlung sehr große Wärmemengen abgeführt werden können. Bei 765 kV- oder 1100 kV-Kabeln kann dann in der Ausführung des klassischen Ölkabels die bewährte Öl/Papier-Isolierung weiterhin verwendet werden.

Da die durch Gewitter bewirkten Überspannungen nicht proportional zu den steigenden Betriebsspannungen anwachsen, andererseits aber der Stoßpegel die Bemessungsgrundlage dieses Kabeltyps ist, wird man bei diesen Kabeln zu höheren Betriebsfeldstärken kommen können. Für 765 kV müßte eine Isolierungsdicke von 25 mm und für 1100 kV eine solche von 30 mm ausreichen. Dies bedeutet bei Leiterdurchmessern von 90 mm Feldstärken von 20 bzw. 25 kV/mm.

Bei einem Verlustfaktor der Kabelisolierung von $2 \cdot 10^{-3}$ könnten solche *1100 kV-Kabel* mit einer inneren Wasserkühlung

- Leistungen von 10 000 MVA bei Kühlstationenabständen von 1 km und
- Leistungen von 5000 MVA bei Kühlstationenabständen von 5 km

über größere Entfernungen transportieren. Dabei ist ein Verhältnis der Mantelverluste zu den Leiterverlusten von 25 % zugrunde gelegt worden.

Der Einfluß der Mantelverluste auf die Übertragungsgrenzleistungen ist wesentlich stärker als derjenige des Verlustfaktors der Isolierung, und zwar umso mehr, je kleiner der Kühlstationenabstand ist. Es ist deshalb insbesondere bei sehr hohen Übertragungsleistungen wichtiger, Maßnahmen zur Herabsetzung der Mantelverluste einzuleiten, als geringere Verlustfaktoren der Kabelisolierung anzustreben. Lassen sich die Mantelverluste ganz vermeiden, dann beträgt die Übertragungsgrenzleistung des beschriebenen 1100 kV-Kabels bei einem Kühlstationenabstand von 1 km immerhin 36 000 MVA.

## Literatur

*H. W. Lücking* und *H. J. Heinemann*, A possibility to eliminate hot spots in external gas-pressure cable systems, CIGRE-Ber. 204/1962

*A. von Weiss*, Nichtkonventionelle Verfahren der elektrischen Energieübertragung, ETZ-B 22 (1970) S. 403–407

*H. W. Lücking* u.a., Energieübertragung mit Kryokabeln, JÜL-938-TP, 1973

*W. Rasquin*, Hochleistungskabel mit Öl-Papier-Isolierungen für 765 kV und 1100 kV, El. wirtsch. 73 (1974) S. 780–785

*W. Rasquin*, Grenzleistungen von Höchstspannungskabeln mit innerer Wasserkühlung, ETZ-A 95 (1974) S. 65–68

*J. Krupski, G. Zinke* und *E. Peschke*, Zwangskühlung von Einleiter-Ölkabeln bis 380 kV, El. wirtsch. 74 (1975) S. 934–941

*U. Müller*, Betriebsmittel für Hochleistungsübertragung: Kabel und Rohrleiter, ETZ-A 96 (1975) S. 444–448

*H. Brakelmann* und *W. Rasquin*, Leitergekühlte Hochleistungskabel mit Kühlwasserrohren aus Edelstahl, ETZ-A 97 (1976) S. 148–152

*J. Friedrich*, Endverschlüsse für leitergekühlte Hochleistungskabel: Wirkungsweise und Versuchserfahrungen, ETZ-A 98 (1977) S. 485–487

*Chr. Albrecht, G. Mainka, H. Brakelmann* und *W. Rasquin*, High power transmission with conductor-cooled cables, CIGRE-Ber. 21-10/1978

*H. Heumann*, Die Übertragung sehr hoher Leistungen über Starkstromkabel, Bull. SEV 69 (1978) S. 162–167

# Liste der verwendeten Symbole*)

| | | |
|---|---|---|
| a | Anstieg der Wahrscheinlichkeitsgeraden bei konstanter Prüfspannung | – |
| b | Anstieg der Wahrscheinlichkeitsgeraden bei konstanter Prüfzeit | – |
| B | Papierbandbreite | mm |
| $\Delta B$ | Stoßfugenbreite | mm |
| c | Geometrischer Abstand | cm |
| $c'$ | Geometrischer Abstand | cm |
| C | Kapazität je Längeneinheit | pF |
| d | Durchmesser einer Papierlage | mm |
| d | Durchmesser eines Leiterdrahtes | mm |
| $d'$ | Durchmesser der substituierten Leiterisotherme eines Gürtelkabels | mm |
| $d_a$ | Außendurchmesser eines Zylinderringes | cm |
| $d_i$ | Innendurchmesser eines Zylinderringes | cm |
| $d_u$ | Durchmesser des die Rundleiter eines Gürtelkabels umschreibenden Kreises | mm |
| D | Durchmesser eines Leiterseiles | mm |
| D | Außendurchmesser des Kabels | mm |
| D | Durchmesser einer Extruderschnecke | mm |
| $D_a$ | Äußerer Durchmesser einer Schutzhülle | mm |
| $D_i$ | Innerer Durchmesser einer Schutzhülle | mm |
| $D_A$ | Aderdurchmesser | mm |
| $D_K$ | Biegekerndurchmesser | mm |
| $D_L$ | Leiterdurchmesser | mm |
| E | Durchschlagfestigkeit | kV/mm |
| $E_l$ | Longitudinalkomponente der Feldstärke | kV/mm |
| $E_r$ | Radialkomponente der Feldstärke | kV/mm |
| $E_r$ | Feldstärke in der Isolierung | kV/mm |
| $E_t$ | Tangentialkomponente der Feldstärke | kV/mm |
| F | Kabeloberfläche je Längeneinheit | cm |
| g | Spezifischer Wärmewiderstand des Erdbodens | Kcm/W |
| $G_2^G$ | Geometriefaktor für die Isolierung eines Gürtelkabels | – |
| $G_2^H$ | Geometriefaktor für die Isolierung eines H-Kabels | – |
| $G_2$ | Geometriefaktor für die Isolierung eines Einleiter- oder Mehrmantelkabels | – |
| $G_X$ | Geometriefaktor eines Kabelaufbauelementes | – |
| I | Belastungsstromstärke | A |
| $I_{max}$ | Zulässige Vollast | A |
| K | Temperaturkorrektur-Faktor | – |
| $K_1$ | Widerstandserhöhung durch die Drahtverarbeitung | – |

*) In einigen Fällen ist das gleiche Symbol für unterschiedliche Größen verwendet worden. Dabei ist darauf geachtet, daß der Sinnzusammenhang Verwechslungen ausschließt.

| | | |
|---|---|---|
| $K_2$ | Widerstandserhöhung infolge des Leiterdralles | – |
| $K_3$ | Widerstandserhöhung infolge des Aderdralles | – |
| $l$ | Verlegetiefe | cm |
| L | Leiterlänge oder Kabellänge | m |
| m | Belastungsgrad | – |
| n | Anzahl der Drähte eines Leiters | – |
| n | Anzahl der Rundleiter eines Gürtelkabels | – |
| N | Wärmemenge je Längeneinheit | W/cm |
| N | Anstieg der Lebensdauerkurve | – |
| $N_1$ | Leiterverluste je Längeneinheit | W/cm |
| $N_2$ | Dielektrische Verluste je Längeneinheit | W/cm |
| p | Ausfallwahrscheinlichkeit | – |
| $P_{zul}$ | Zulässige Zugkraft | N |
| q | Querschnitt | $mm^2$ |
| Q | Elektrisch wirksamer Leiterquerschnitt | $mm^2$ |
| R | Widerstand | Ω |
| R | Gleichstromwiderstand je Längeneinheit | Ω/cm |
| ΔR | Zusatzwiderstand je Längeneinheit | Ω/cm |
| $R_{\sim}$ | Wechselstromwiderstand je Längeneinheit | Ω/cm |
| $R_N$ | Widerstand bei 20 °C, bezogen auf 1 km Kabellänge | Ω/km |
| $R_{\vartheta}$ | Widerstand einer Kabellänge L bei einer Temperatur $\vartheta$ | Ω |
| $R_W$ | Wirkwiderstand je Längeneinheit | Ω/cm |
| $R_{20}$ | Leiterwiderstand bei 20 °C | Ω |
| S | Faktor zur Berücksichtigung des H-Schirmes | – |
| t | Beanspruchungsdauer | s |
| T | Wärmewiderstand je Längeneinheit | Kcm/W |
| $T_e$ | Wärmewiderstand des Erdbodens je Längeneinheit | Kcm/W |
| $T_L$ | Äußerer Wärmewiderstand bei Luftverlegung je Längeneinheit | Kcm/W |
| $T_X$ | Wärmewiderstand eines Kabelaufbauelementes je Längeneinheit | Kcm/W |
| $T_2$ | Wärmewiderstand der Isolierung je Längeneinheit | Kcm/W |
| $T_4$ | Wärmewiderstand der inneren Schutzhülle je Längeneinheit | Kcm/W |
| $T_5$ | Wärmewiderstand der Zwickelfüllung je Längeneinheit | Kcm/W |
| $T_7$ | Wärmewiderstand der äußeren Schutzhülle je Längeneinheit | Kcm/W |
| U | Übertragungsspannung | kV |
| $U_o$ | Spannung über der Isolierung | kV |
| $\alpha$ | Anstieg der Muffenkonen | – |
| $\alpha$ | Wärmeübergangszahl | $W/cm^2 K$ |
| $\alpha_K$ | Wärmeübergangszahl bei Konvektion | $W/cm^2 K$ |
| $\alpha_S$ | Wärmeübergangszahl bei Strahlung | $W/cm^2 K$ |
| $\alpha_{20}$ | Temperaturkoeffizient des elektrischen Widerstandes | $K^{-1}$ |
| $\delta$ | Isolierungsdicke | mm |
| $\tan\delta$ | Dielektrischer Verlustfaktor | – |
| $\epsilon$ | Dielektrizitätskonstante | – |

| | | |
|---|---|---|
| $\vartheta$ | Meßtemperatur | °C |
| $\vartheta_e$ | Temperatur des Erdbodens | °C |
| $\vartheta_{max}$ | Höchstzulässige Betriebstemperatur | °C |
| $\Delta\vartheta$ | Temperaturerhöhung | K |
| $\vartheta_x$ | Erwärmung eines Punktes | K |
| $\Delta\vartheta_{13}$ | Temperaturerhöhung des Leiters gegenüber dem Metallmantel | K |
| $\Delta\vartheta_{36}$ | Temperaturerhöhung des Mantels gegenüber der Bewehrung | K |
| $\Delta\vartheta_{68}$ | Temperaturerhöhung der Bewehrung gegenüber der Kabelumgebung | K |
| $\kappa_{20}$ | Leitfähigkeit bei 20 °C | $Sm/mm^2$ |
| $\lambda$ | Länge der Muffenkonen | mm |
| $\lambda_p$ | Proximity-Effekt-Verluste | % |
| $\lambda_s$ | Skineffekt-Verluste | % |
| $\lambda_3$ | Mantelverluste | % |
| $\lambda_6$ | Bewehrungsverluste | % |
| $\rho$ | Spezifischer Widerstand | $\Omega\ mm^2/km$ |
| $\rho^*$ | Fiktiver spezifischer Widerstand | $\Omega\ mm^2/km$ |
| $\rho_{20}$ | Spezifischer Widerstand bei 20 °C | $\Omega\ mm^2/m$ |
| $\sigma$ | Zulässige Zugspannung | $N/mm^2$ |
| $\sigma_x$ | Spezifischer Wärmewiderstand eines Kabelaufbauelementes | Kcm/W |
| $\sigma_7$ | Spezifischer Wärmewiderstand einer Schutzhülle | Kcm/W |
| $\omega$ | Kreisfrequenz | 1/s |

# Namenverzeichnis



# Sachverzeichnis (Die fettgedruckten Seitenangaben verweisen auf Unter-Abschnitte)

GPSR Compliance

*The European Union's (EU) General Product Safety Regulation (GPSR) is a set of rules that requires consumer products to be safe and our obligations to ensure this.*

*If you have any concerns about our products, you can contact us on ProductSafety@springernature.com*

In case Publisher is established outside the EU, the EU authorized representative is:

Springer Nature Customer Service Center GmbH
Europaplatz 3
69115 Heidelberg, Germany

**Batch number: 10584556**

Printed by Printforce, the Netherlands